おもしろいネズミの世界

知れば知るほどムチュウになる

渡部大介

緑書房

第1章　ネズミとは？

口絵1-1. 齧歯目の一例（ウロコオリス形亜目のトビウサギ）（*Pedetes capensis*）
「ウサギ」と名前はついているが、齧歯目に分類される。

口絵1-3. ヒメネズミ（*Apodemus argenteus*）

口絵1-2. アカネズミ（*Apodemus speciosus*）

口絵1-4. セスジネズミ（*Apodemus agrarius*）

口絵1-6．ケナガネズミ
（*Diplothrix legata*）

口絵1-5．オキナワトゲネズミ
（*Tokudaia muenninki*）

口絵1-7．ニホンハツカネズミ
（*Mus musculus molossinus*）

口絵1-9．スミスネズミ
（*Eothenomys smithii*）

口絵1-8．カヤネズミ
（*Micromys minutus*）

口絵1-11. エゾリス（*Sciurus vulgaris orientis*）
おびひろ動物園の敷地内にて。野生のエゾリスがのんびりとオニグルミを食べていた。

口絵1-10. ハタネズミ（*Microtus montebelli*）

口絵1-13. ニホンモモンガ（*Pteromys momonga*）

口絵1-12. ムササビ（*Petaurista leucogenys*）

口絵1-15. ヒメネズミの子ども
ヒメネズミの巣は木の葉が敷き詰められている。

口絵1-14. ヤマネ（*Glirulus japonicus*）

口絵1-17. ジャコウネズミ
(*Suncus murinus*)

口絵1-16. 巣箱で眠るヤマネ
ヤマネの巣材はコケや樹皮（スギなど）でできている。ヤマガラやシジュウカラもコケで巣をつくるので、春は判別がややこしい。

口絵1-19. ニホンジネズミ
(*Crocidura dsinezumi*)
外観はジャコウネズミに似るが大きさははるかに小さく、カヤネズミほどしかない。

口絵1-18. ジャコウネズミのキャラバン

第2章　ネズミのからだ

口絵2-2. アフリカタテガミヤマアラシ
(*Hystrix cristata*)
毛を逆立てて威嚇モード。

口絵2-1. スナネズミ
(*Meriones unguiculatus*)

口絵2-4. 産み落とされたばかりのカピバラ
まだ濡れているが、子どもはまさに親のミニチュア。
間もなく立ち上がる。

口絵2-3. アカネズミの子ども
生後５日ほど。

第３章　身のまわりのネズミ

口絵3-2. ドブネズミ（*Rattus norvegicus*）
この個体は新潟県佐渡市で捕獲された、
貴重な白化個体。

口絵3-1. デグー（*Octodon degus*）
真のネズミのようだが、
ヤマアラシやモルモットの仲間。

第４章　動物園のネズミ

口絵4-2. カピバラ
（*Hydrochoerus hydrochaeris*）

口絵4-1. モルモット（テンジクネズミ）
（*Cavia porcellus*）の親子

口絵4-4. ついに出会えたアマミトゲネズミ（*Tokudaia osimensis*）
この個体は捕獲・計測後、奄美の森に再び放された。

口絵4-3. マーラ（*Dolichotis patagonum*）
まるでシカかウサギのような見た目。

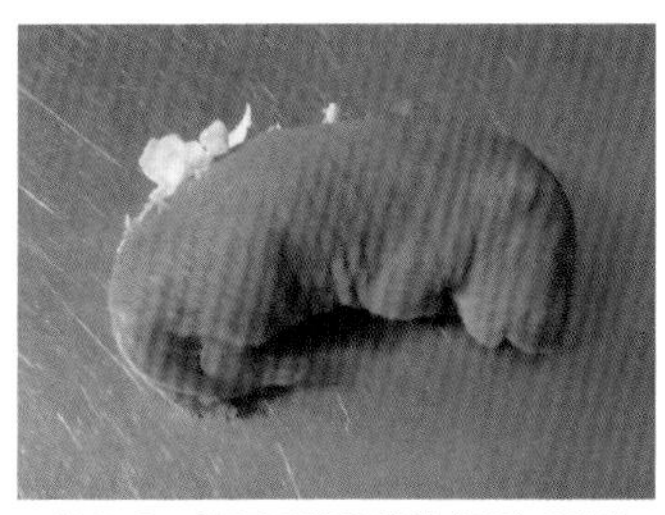

口絵4-6. 飼育下第２世代(F2)の誕生
おそらく画像で初めて記録されたであろう新生子。

口絵4-5. アマミトゲネズミの飼育下繁殖の成功
初めての子どもはオス２頭メス２頭だった。
最初に体重計測をしたときに撮影。

第５章　不思議なネズミ・おもしろいネズミ

口絵5-2. ゴールデンハムスター（*Mesocricetus auratus*）
別名シリアンハムスター。
本種は冬期条件に置かれると冬眠する。

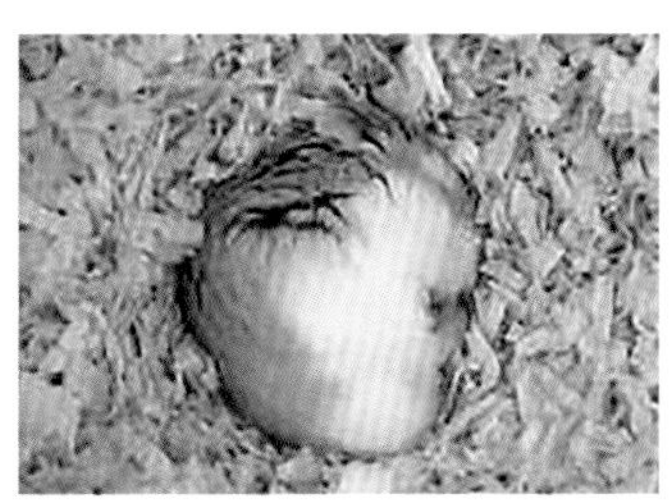

口絵5-1. 眠るロボロフスキーハムスター（*Phodopus roborovskii*）
本種は休眠するかよくわかっていない。

口絵5-4. ハダカデバネズミ
(*Heterocephalus glaber*)
© 埼玉県こども動物自然公園

口絵5-3. トリトンハムスター
(*Tscherskia triton*)
英名 Rat-like hamster といわれるように、
尾が長く一見するとネズミ科と思ってしまう。

口絵5-6. トゲマウスの
ハドリングの様子

口絵5-5. トウブトゲマウス
(*Acomys dimidiatus*)

口絵5-8. ウスイロアレチネズミ
(*Gerbillus perpallidus*)

口絵5-7. インドオオアレチネズミ
(*Tatera indica*)

はじめに

私が初めて直にネズミと向き合ったのは、ゴールデンハムスターを飼育し始めた中学生のときだ。そのハムスターが子どもを産んだのだが、親子の様子を見るために巣箱をそっと開けたときの感動は今でも忘れない。

学生時代、一度はエンジニアを目指して高専に進んだが、動物との関わりを諦めきれずに中退した。その後、獣医師を目指して二浪したものの、狭き門を通り抜けることはできなかった。結局、獣医学科への道は断念し、宮崎大学農学部食料生産科学科に入学した。そこで、森田哲夫先生（現宮崎大学名誉教授）と出会った。農学部なら動物に関係するだろうといった志望動機で、深く考えずに入学した私にとって、森田先生の研究室（森田研）は衝撃的だった。森田研には見たこともないネズミがひしめいていた。ほとんどの学生が、野生動物の研究がしたい、あるいは実験動物について勉強したいといった理由で森田研を志望する中、私自身は「飼育したことがない珍しい動物がたくさんいる」「バイクや車好きの先生だから楽しそう」といった理由で選んだと記憶している。

森田研では、個性的な先生や先輩、同級生や後輩たちに出会い、ネズミまみれの充実した学生生活を送ることができた。その後、森田先生の後押しなどもあり、運良く宮崎市フェニックス自然動物園に飼育員として採用され、導入直後のアジアゾウの担当になった（私の同期はゾウとゾウ使いだった）。動物園に入ってしばらくしたころ、飼育員が持ち回りで園内の動物を来園者にガイドする「飼育係といっしょ」というイベントが企画された。飼育員のみんなが担当動物をガイドする中、私は「ネズミガイド」を行った。展示場の外で動物を見せて来園者を引きつけるずるい方法だったが、その姿を見た出口智久園長（当時）は「あんたはそういう動物の方が向いとるかもしれんね」と言ってくださった。

数年後、小動物や家畜を主に飼育展示する、こども動物村担当になった。動物園には「こども動物村展示館」という建物があり、エサの調理風景や標本などを来園者に見てもらっていた。しかし、私が配属されてからは、ネズミやモグラの生体を中心とした展示スペースに少しずつ変更していった。ゾウやキリンの飼育や展示には莫大な予算がかかり、一人の力ではどうしようもない。しかし、小さなネズミなら一人でも様々な工夫ができるため、飼育ケージを手作りし、展示方法を考え、ああでもない、こうでもないと日々試行錯誤を繰り返した。動物の体重や行動などを記録し、生理生態を探るおもしろい研究もできた。自ずとより深くネズミの世界に引き込まれていった。そのような生活を何年か送り、飼育員歴が十年くらいになったころ、いつの間にかネズミ好きな変態飼育員として認知されるようになった。

そんな折、緑書房の方から「ネズミについて、種類や生態などが総合的に書かれた一般書はほとんどなく、とても身近な動物の割には詳しく知られていない。その穴を埋めるような、ネズミについて全般的に知ることができる一冊をつくりたい」と、本書の執筆について声をかけていただいた。本来なら、ありがたい話として、「イエス！」と即答すべきだ。ネズミに興味をもってもらいたいという思いなら、あふれるほどある。しかし、引き受けるべきかどうか逡巡した。

ネズミってどれだけいると思っているんだ？ 哺乳類で最も種数が多いネズミを総合的に取り上げつつコンパクトにまとめるなんて難題すぎないか……。それだけではない。ネズミを専門とする優秀な研究者はたくさんいる。研究者とは言い難い私のような者が適任なのか……。様々な思いが交錯し、しばらく迷ったが、「研究者目線というより、一人の動物園飼育員としてなら」と方向性を定め、筆を執ることにした。したがって本書は、研究者がまとめたサイエンティフィックな一冊というよりは、幅広い層の人たちに「ネズミってこんな動物なんだ」「ネズミっておもしろいなぁ」と感じてもらえる内容を目指したものである。そのような視点から、私がこれまでに見聞してきた、ネズミにまつわるおもしろい話題をできるだけ盛り込んだつもりだ。

本書には、動物園でしか出会えないネズミたちもたくさん登場するが、動物園は自然と人を結びつける最も身近な施設の一つであると思う。自然を学ぶ方法として、例えばネイチャーガイドへの参加なども有意義だが、それにはかなりの準備が必要となる。ところが動物園は、会社帰りにスーツ姿のままふらっと行けるし、ベビーカーに赤ちゃんを乗せて気軽にお散歩もできる。誰もがすぐに自然とつながることができる貴重な場所だ。そんな身近な自然の入り口で、これまた小さくて身近な、誰でも名前は知っている「ネズミ」に注目してほしいし、本書を通し、ネズミとは？ 動物とは？ 自然とは？ 動物園とは？ など、いろいろなことを考えるきっかけにしてもらえればとてもうれしい。

動物園の人気者、ゾウやキリン、チンパンジーなどは飼育技術などが盛んに研究されていて、動物園業界では研究会や飼育マニュアルまである。ところが、ネズミの飼育や展示を研究する人はとても少なく、記録もほとんど見当たらない。本書に盛り込んだ内容には、動物園でのネズミの飼育や展示についての一つの記録としての側面もあることから、その管理に携わる人にとって何らかのヒントになればと淡い期待を寄せている。

とはいえ、本書の内容は、あくまでネズミ好きな私個人の考えや思いで構成・執筆したものであり、特に研究内容などについて異なる点などがあれば、著者の責任であることを付け加えておきたい。

執筆にあたっては、宮崎大学の森田哲夫先生、越本知大先生、坂本信介先生、琉球大学の江藤毅先生、宮崎市フェニックス自然動物園の出口智久元園長、古根村幸恵氏、スタッフのみなさま、埼玉県こども動物自然公園の高木嘉彦副園長をはじめ関係者の方々に、貴重な助言と多大なる協力をいただきました。心よりお礼申し上げます。さらに、同じ研究室出身の名倉悟郎先生と七條宏樹先生に内容について相談したところ、実験動物（第3章5）と食糞（第5章2）の項の執筆を快く引き受けていただき、私とは異なる切り口で、おもしろくて不思議なネズミの世界を紹介していただきました。また、編集担当の川西諒氏や緑書房のみなさまには、私の遅筆に我慢強く付き合いながら、完成まで導いていただきましたことを感謝いたします。

本書を手に取った多くの方が、おもしろいネズミの世界に魅了され、知れば知るほどムチュウになることを願っています。

二〇二一年初夏

著者

目次

第3章　身のまわりのネズミ

第4章　動物園のネズミ

第5章　不思議なネズミ・おもしろいネズミ

COLUMN

執筆協力…第3章5実験動物としてのネズミ　名倉悟郎
第5章2ネズミはうんちを食べる？　七條宏樹

第1章

ネズミとは？

1 ネズミを知る前に

● ネズミはかわいい？ 汚い？

ネズミ、と聞いて何を思い浮かべるだろうか？ ミッキーマウスやネズミの嫁入りを思い浮かべる人もいるかもしれない。でも多くの人は汚いもの、あるいは害獣といったマイナスのイメージをもっているのではないだろうか。動物園でも、最小クラスのネズミの一種であるカヤネズミを展示していると、来園者の多くはまず「わぁ、かわいい！」と反応する。その後、名前のプレートを見て「ネズミだってー」と、正体を知るとややトーンダウンする様子も結構見られる。

しかし、その「ネズミ」のマイナスイメージのほとんどはドブネズミやクマネズミやハツカネズミといった、いわゆる「家ネズミ」と呼ばれるごく一部のことであり、それ以外のネズミについては普段は人の目にほとんど触れることなく、ひっそりと生活

図1-1. ネズミのイメージ①
ネズミといえば多くの人はこんなイメージでは？
（宮崎市フェニックス自然動物園企画展「干支の動物 ネズミ展」より）

している。ペットとして人気者のハムスターが、実はネズミだと知らない人も多いのではないだろうか（図1-1）。

●ネズミは哺乳界のエリート？

世界には約5400種の哺乳類がいて、そのうち約2300種は齧歯目（げっしもく）といわれるネズミの仲間が占めており、哺乳類最大のグループだ。次に種数が多いのはコウモリの仲間である翼手目（よくしゅもく）で、約1200種である。2位のコウモリに倍近い大差をつけ、哺乳類全体の約4割を占めるのがネズミの仲間だ。彼らは南極以外の大陸のほとんどを生活圏とし、その大きさや形態、食性までも様々なバリエーションをもつことで環境の変化に適応し、現在、世界中で最も繁栄している哺乳類といえる。齧歯目は大きくリス形亜目・ネズミ形亜目・ビーバー形亜目・ウロコオリス形亜目・ヤマアラシ形亜目の5亜目に分けられる。研究者によっては、「真のネズミ」はネズミ形亜目である、とする人もいるが、本書では齧歯目全般のおもしろさについて取り上げていきたいので、「齧歯目」をすべて「ネズミ」とする。

ちなみに「真のネズミ」であるネズミ形亜目は齧歯目最大のグループで、約1500種もいて、これだけで翼手目を抜いている。齧歯目の残る4亜目の合計の倍近い種数という指標だけでも、ネズミ形亜目は最も繁栄している哺乳類で、ネズミの中のネズミであり、「真の～」は最適な言葉といえるかもしれない。

なお、分類については常に議論・変更が繰り返されているので、研究者によっては本書とは違う分類を主張している場合もある。分析技術の発展や研究の進歩によって、今後も変化が予想されるし、そういうものだということを理解していただき、「つまらないなあ」と思ったら読み飛ばしてもらっても構わない。私は分類についてはド素人なので、日本の哺乳類の権威が集まる日本哺乳類学会の情報をメインに紹介する（図1-2、3）。

●齧る×哺乳類＝ネズミ

さて、齧歯目を繁栄へと導いたのは、どんな環境でも潜りこみやすい小さな体はもちろんのこと、「齧歯」という名前のとおり、齧（かじ）る能力

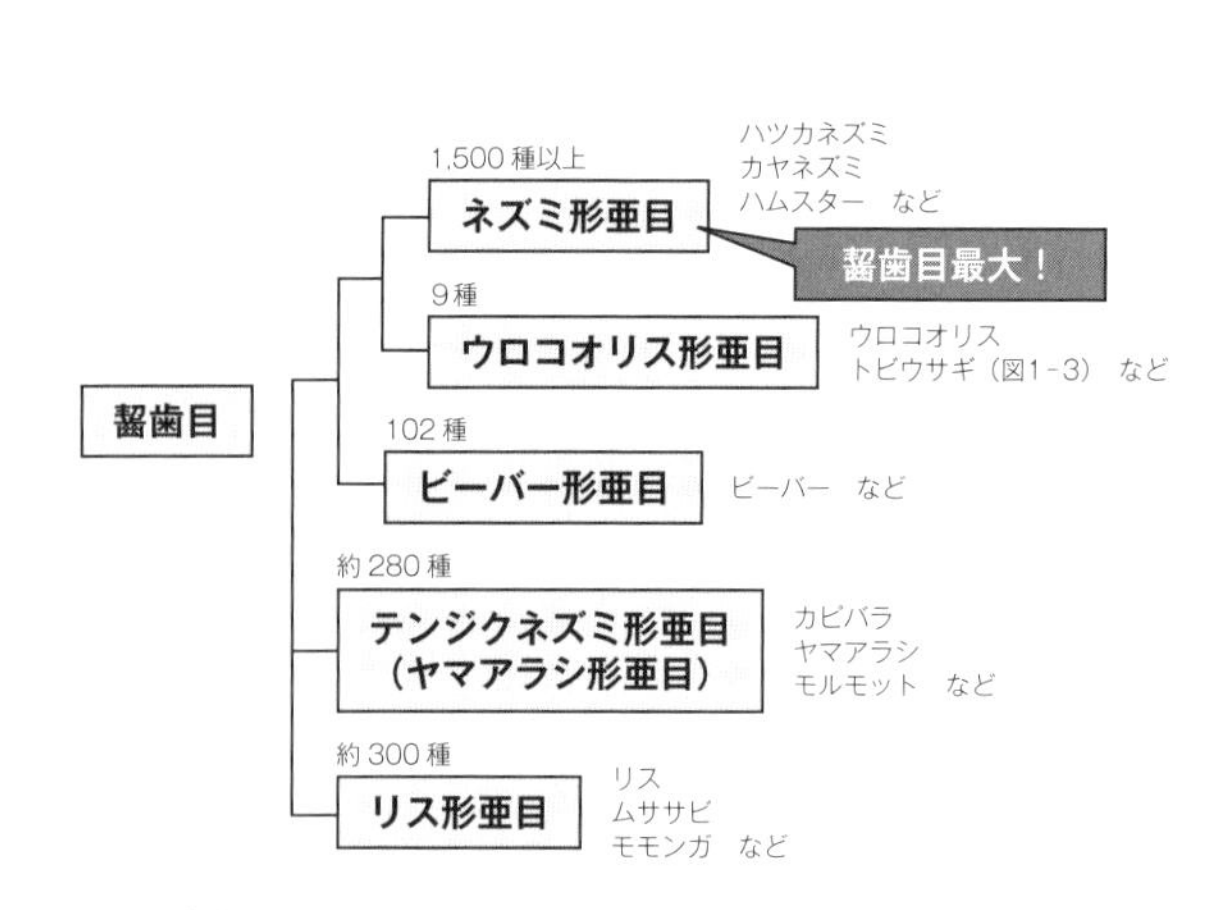

図1-2. 系統図

が非常に優れている点を忘れてはならない。よくイラストなどで見るネズミは、上の前歯だけが飛び出したように描かれていることが多い。あまり気にしたことがなかったのだが、気になって調べてみると、「ガンバの冒険」のガンバも、トッポ・ジージョも、「とっとこハム太郎」のハム太郎も、ネズミではないが「ゲゲゲの鬼太郎」のねずみ男も上2本だけが描かれていた。おそらくはイメージ的にその方がかわいらしいからではないかと思うのだが、このような歯では物を齧ることはできない（**図1-4**）。

　実際のネズミの歯は、先端に上下2本ずつの門歯（切歯＝前歯）がノミのように生えていて、少し離れた口の奥に、齧った食物をすりつぶすための臼歯（奥歯）が生えている。少し話はそれるが、発達した門歯が特徴的な似た哺乳類として、ウサギを思い浮かべるかも

図1-3. 齧歯目の一例（ウロコオリス形亜目のトビウサギ）（*Pedetes capensis*）
「ウサギ」と名前はついているが、齧歯目に分類される（口絵1-1、2ページ）。

図1-4. ネズミのイメージ②
このような歯では物を齧ることができない。

しれない。しかし、ウサギはウサギ目の動物で、齧歯目とは異なる。ウサギには上顎の門歯の裏に小さな「peg teeth（くさび状門歯）」と呼ばれる小さな別の歯がある。ウサギは胎子のとき、上顎の門歯として6本の乳歯が生えるが、発生の過程でそのうち2本は消失し、2本が門歯、残り2本がくさび状門歯になる。下顎も4本の乳歯のうち2本だけが残り、2本が消失する。この歯の消失は、ウサギの祖先には今より門歯が4本多くあり、齧歯目とは祖先が異なることを示している（図1-5）。

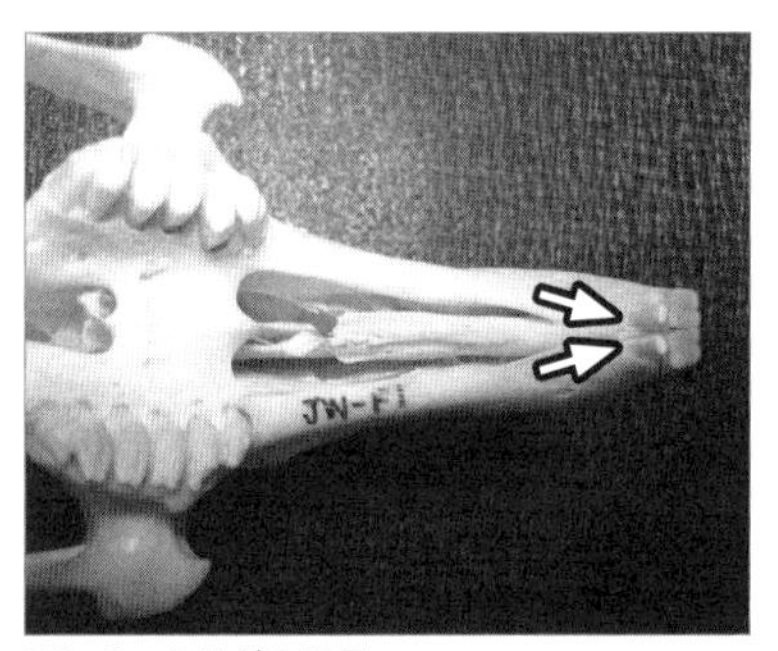

図1-5. ウサギの頭骨

上顎を裏側から見たところ。通常の門歯の後ろにくさび状門歯がくっついて生えている（矢印）。

話をネズミに戻して、ネズミの門歯はなぜノミのように生えているのだろうか。他の哺乳類との構造の違いを見てみよう。一般的な哺乳類の歯には、象牙質と呼ばれる比較的やわらかい層があり、その表面をエナメル質という非常に硬い層が覆って保護している。しかしネズミの場合、硬いエナメル質が覆っているのは門歯の前面だけで、他はやわらかい象牙質がむき出しになっている。そのため、硬いものを齧ると後ろの象牙質が早くすり減り、前面の硬いエナメル質が残る。そして門歯の先端はノミのようになる（図1-6）。また、人間のような歯の根っこ（歯根）をもたないので（無歯根）、歯は一生伸び続ける。

だからネズミはいつもノミのような歯を持ち続けることができる。ところが、ごくまれにこの歯のバランスを崩してしまうものがいる。そんなときはこのノミのような門歯が本来とは違う形に伸びてしまい、硬いものを齧ることができなくなる。飼育しているネズミの場合は、これを正しい形に整えてあげると元に戻ることもあるが、自然の場合だと最悪、自分に歯が刺さって死んでしまうこともある。

ネズミの分類において、かつては齧ることへの適応の違いで分けられていたこともある。近年の研究では、ネズミの齧る能力は必ずしも分類群と一致するものではないとされているため、それぞれの特徴がすっぽりと各亜目に当てはまるわけではない。齧る能力は、真のネズミの仲間＜ヤマアラシの仲間＜リスの仲間という順になり、これらは顎の筋肉と骨の形状によって異なる。咀嚼筋の1つである咬筋は、下顎骨を上方に引き上げて上下の歯を咬み合わせるはたらきをする強力な筋肉である。齧ることに適応したネズミはこの咬筋が発達していて、強い力で顎を動かすことができる。この咬筋の形態によって原齧歯型・リス型・ヤマアラシ型・ネズミ型に分けられる。大昔に絶滅した原始的なネズミであるパラミスは原齧歯型に分類され、まだ咬筋が発達していなかった。現在地

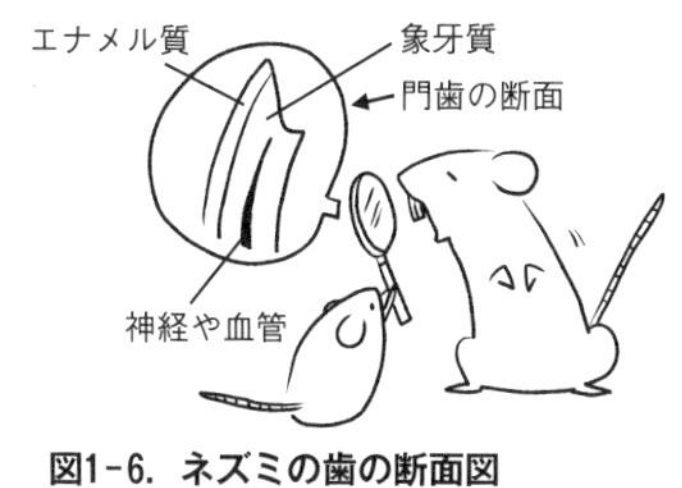

図1-6. ネズミの歯の断面図

球上に存在する原齧歯型には、北米にすむヤマビーバー *Aplodontia rufa* ただ1種が該当する。この原齧歯型をベースに、リス型・ヤマアラシ型・ネズミ型へと分かれていったものと考えられている。

言葉で説明されても、これらの違いがさっぱりわからないと思う。しかし佐藤（1998）が示したように、上下の顎をピンセットに見立てると何となくイメージできる（**図1-7**）。ピンセットの先端が作用点、つまむ部分を力点、根元の部分を支点とする。一定の力で物をつまんだ場合、大きな力を先端にかけるなら、指でつまむ部分（力点）は前にあった方がいい。作用点にかかる力は支点から力点までの距離に比例する。つまり、門歯に齧る力を効率よく伝えるには、顎関節から咬筋の動く位置までが前にある方がいいということだ。こうした理由で齧る能力はネズミ型>ヤマアラシ型>リス型となるらしい。しかし、例えばリスは視覚を発達させるため、眼球を大きくしている。これが咬筋の発達を制約した可能性も指摘されている。咬筋の型はそれぞれの種ごとの生活パターンに適応しており、「齧る能力が高い＝環境適応能力が高い」とは必ずしもいえないようだ。しかしながら、齧歯目の「齧る」能力の高さは他の哺乳類にはないものであり、「齧歯」という名は、実にこの動物たちにふさわしいと思う。

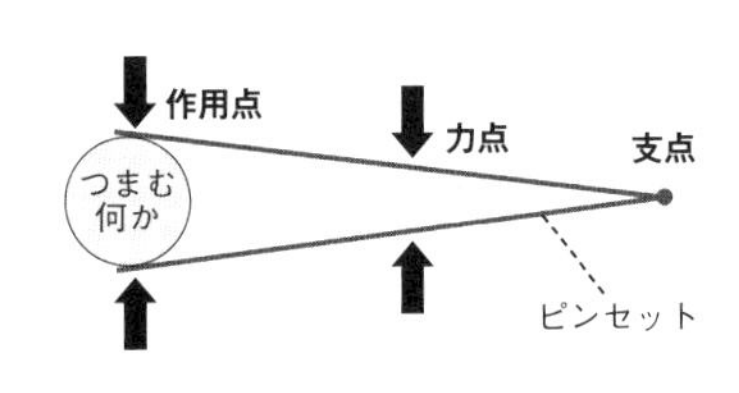

図1-7. ネズミの顎の作用点
佐藤（1998）より引用・改変

2 ネズミという名前

●「ネズミ」

ネズミが日本語でどうして「ネズミ」なのかは諸説ある。まず、「根栖み」説。「根住み」「根棲み」とされることもある。「ネ」は幽隠（ゆういん）（奥深く隠れて暗く静かである）の場所を示し、そこにすむ獣から来ているらしい。同じように「穴住み」や「屋根住み」といった、ネズミのすみかが元になったという説もある。次に、「寝盗み」説。人が寝静まってから出てきて食べ物を失敬する、または「盗み」が転化したもの。そして「不寝見」説。夜、寝ないであたりをうかがっている、あるいは、人が寝静まってから活動するからという説である。この3つの説がネズミの語源としてメジャーなようだ。他にも、どこにでも根っからすんでいるから、など何となくそんな気がしてくる。けれど真相はどうなのか、当のネズミにもわからない。

補足になるが、日本語のネズミという名前はかなり煩雑で、トガリネズミやハリネズミ（これらはモグラに近い仲間）のように、分類学上はネズミではないネズミもいる。どうやら日本人は古くから、小さくネズミっぽい形の哺乳類のことをネズミと呼んでいたようだ。現在でも、

「ネズミ」が名前につくかつかないかが多くの人の区別の目安であり、名前と分類がつながらない「ネズミ」について、理解している人は多くはないように思う。

●「鼠」

「ネズミ」を漢字で書くと「鼠」である。漢字の成り立ちは象形文字であり、上半分は頑丈な歯を、下半分は体と尾を示し、中国から伝来したとされている。いわれてみると、何となくネズミの姿に似ているような気がしてくるからおもしろい。上半分の「臼」という漢字は、木や石をほじってつくる「うす」の象形からできたようだが、「鼠」と「臼」、果たしてどちらの漢字が先に生まれたのだろうか？

大昔の日本（8世紀前半ごろ：奈良時代）では、万葉仮名で「禰須美（ねずみ）」と書いたそうで、日本最古の歴史書である古事記（712年）に登場する。千年以上も前から「ネズミ」という言葉が存在し、1つの動物の仲間として認識されていたというのは驚きである。「鼠」という漢字が偏（ねずみへん）となって漢字を構成しているものの1つに「鼬」がある。読み方は「いたち」。そう、ネズミとはまったく異なる食肉目の動物である。なぜ、イタチの漢字にねずみへんが使われるようになったのかはいまだわかっていない。イタチはネズミにとって最大の天敵であり、漢字をつくった当時の人々にもそう理解されていたからかもしれない。

●「ネズミの異名」

現在はほとんど使われることはなく、私自身、実際に耳にしたことはないが、日本人はかつて、「ネズミ」以外の呼び方でこの動物を表現していた。

「嫁」「嫁が君」

「不寝見」説で前述したように、ネズミは夜、人が寝静まってから活動することから、「夜目=ヨメ」に由来したものではないかと考えられている。そこから転じて「嫁御」「嫁様」「嫁っこ」などもある。さらに「娘」「お姉さん」「お嬢さん」「奥さん」「お袋さん」など、女性を示す言葉が使われる。これは「嫁」から生じたものだと考えられている。「秋茄子は嫁に食わすな」ということわざがある。意味を調べてみると、①秋ナスは特に味がよいので憎い嫁に食わすなの意で、姑の嫁いびりをいったもの。②体が冷えるので大切な嫁に食わすな、と嫁の体を気遣ったもの。③種子が少ないので、子種が少なくなるから嫁に食わすなという意で、子孫を絶やさぬよう気遣った、という解釈がある。しかし、どうやらこの「嫁」はネズミである可能性が高い。ことわざの元になったのは、「秋なすび わささのかすに 漬けまぜて 棚におくとも よめにくはすな」という鎌倉時代の和歌だとされている。嫁いびりではなく、「ネズミの食害にチュウい（注意）」ということが真相ではないか、という説もあり、私もこの説が一番しっくりくる気がする。

「嫁＝ネズミ」という使われ方がなくなっていくにつれて、ことわざも本来の意味から現代風に変化していったのではないだろうか。

「お福」「福の神」「お福さん」

「嫁」や「お福」など、ネズミのことを異名で呼ぶ理由はいくつかある。「ネズミ」と直接名を呼ぶと災いを招くとか、ネズミの「ネ」が「寝込む」に通ずるので、正月早々に寝込むのは縁起が悪いから正月三が日は「ネズミ」と呼ばなかったから、といわれている。「嫁」はどちらかというとマイナスイメージが由来で、「お福」はその名のとおり「福をもたらす」意味がある。調べてみると、「鼠」という名前の起源で登場した古事記の中にある、ネズミが大国主(おおくにぬしの)命(みこと)を助けたという神話が元になっているらしい。この大国主命は、仏教では大黒天（七福神の1人）であり、ネズミは大黒天の使いとされ、ネズミと大黒様がセットになっている。普段は忌み嫌われるネズミだが、「福をもたらす」という真逆の扱いをされることもある。「福ねずみ」という縁起物の置物などは全国各地で見られる。2020年は「子年」だった。「子」は、万物が茂る（繁る）芽生えのあること、という意味があり、新しい物事や運が始まる年になるといわれている。みんなあんなにネズミを毛嫌いしているのに……人間という生き物はよくわからない。

●英語のネズミと万国共通のネズミ

「ネズミを英語で？」こう聞くと、「mouse（マウス）」または「rat（ラット）」と答えが返ってくる。小さいネズミがmouseで、それより大きなネズミがratであることは、我々日本人でさえも多くの人が理解している。大きさだけで区別されているのに加えて、mouseはかわいらしいもの、ratは汚らしいものという、相反するイメージを含んでいるようだ。確かにミッキーマウスも「トムとジェリー」のジェリーも、「Mickey Mouse」「Jerry Mouse」である。一般的にこれらは大きさで区別されているので、例えばHouse mouse（ハツカネズミ）、Harvest mouse（カヤネズミ）やNorway rat（ドブネズミ）、Ryukyu long-furred rat（ケナガネズミ）などと示される。「mouse」と「rat」は英語でも都合のいい言葉らしく、～mouse、～ratという英名のネズミが大半である。

正田陽一 編著『人間がつくった動物たち』によると、「mouse」はラテン語由来で、サンスクリット語の「mush」が起源であり、「mush」の意味は「盗む」であるという。これは前述した日本の「ネズミ」の起源、「寝盗み」説と一致する。ひょっとしたらネズミのイメージと扱いは万国共通なのかもしれない。

英語の「ネズミ」はこれだけではない。和名で「ネズミ」と訳される英名の齧歯目の動物は、「gerbil（アレチネズミ／スナネズミ）」「hamster（キヌゲネズミ）」「jerboa（トビネズミ）」「jird（アレチネズミ／スナネズミ）」「lemming（タビネズミ）」「vole（ハタネズミ）」「guinea-pig（テンジクネズミ）」などなど……。さらに、分類学上のネズミ（齧歯目）以外で「ネズミ」が和名につくものは、モグラの仲間の「shrew（トガリネズミ）」「hedgehog（ハリネズミ）」、有袋類[注1]の「opossum（フクロネズミ）」などがある。ちなみに齧歯目で「ネズミ」と訳されないネズミ（多くはネズミ形亜目以外の種であるが）には、カピバラ（capybara）やヤマアラシ（porcupine）などといった、かなりの数がいる。特にヤマアラシの仲間は英名をそのまま日本語にするケースが多い（**表1-1**）。英語圏の人たちはこれだけの「ネズミ」を使い分けているかと思うと、「ネズミ」と1語でまとめてしまう日本人（語）はすごいのか、すごくないのか……。

私が扱ってきたネズミで、「Spiny mouse」と「Spiny rat」がいる。和訳するとどちらも「トゲネズミ」となってしまう。ところが、Spiny mouse は *Acomys* 属に分類され、主に中東やアフリカに生息する。一方の Spiny rat は *Tokudaia* 属に分類され、日本の沖縄、奄美大島、徳之島にのみ生息している。どちらのネズミも日本人には馴染みが薄く、日本の Spiny rat は現地の人たちにもあまり知られていない。ヤンバルクイナやアマミノクロウサギなど、有名すぎる種が多いからかもしれないが。動物園関係者や研究者でもない限り、通常必要ないとは思うが、「Spiny mouse ＝トゲマウス」「Spiny rat ＝トゲネズミ」と呼び、区別する。ちなみに「Spiny rat」の方が倍くらい大きい（種にもよるが体重比で）。名前と大きさの関係はセオリーどおりだ。

分類		英語	日本語	日本での主たる呼び名
齧歯目	ネズミ形亜目	mouse	ネズミ	
		rat	ネズミ	
		gerbil	スナネズミ／アレチネズミ	
		jird	スナネズミ／アレチネズミ	
		hamster	キヌゲネズミ	ハムスター
		vole	ハタネズミ	
		lemming	タビネズミ	レミング
		zokor	モグラネズミ	
		jerboa	トビネズミ	
	ウロコオリス形亜目	springhare	トビウサギ	
	ビーバー形亜目	beaver	ビーバー	
		gopher	ホリネズミ	
	ヤマアラシ形亜目	gundi	グンディ	
		porcupine	ヤマアラシ	
		agouti	アグーチ	
		acouchi	アクーシ	
		paca	パカ	
		guinea-pig	テンジクネズミ	モルモット
		cavy	テンジクネズミ	モルモット
		mara	マーラ	
		capybara	カピバラ	
		degu	デグー	
		tuco-tuco	ツコツコ	
		hutia	フチア	
		coypu（nutria）	ヌートリア	
		chinchilla	チンチラ	
		viscacha	ビスカーチャ	
		pacarana	パカラナ	
	リス形亜目	chipmunk	シマリス	
		squirrel	リス	
		dormouse	ヤマネ	
トガリネズミ形目		shrew	トガリネズミ	
ハリネズミ形目		hedgehog	ハリネズミ	
オポッサム形目		opossum	フクロネズミ	オポッサム

表1-1. ネズミの名前

英語と日本語で比較してみた。ただし一般的に使われる名前であり、学術的な英名や和名に準ずるものではない。

※表はあくまでも「〜ネズミ」と呼ばれる動物について筆者が独断でまとめたもので、記載されているものがすべてではない。また、種名を英名で表記するものではないことをご理解いただきたい。なお、学名がそのまま英名のように示されているもの、和訳が困難なものは除外した。

●ネズミの分類と呼ばれ方

さて、文中に突如出現して解説もなく進めてしまったが、「和名」とは、動植物の学名に対する日本名のことである（基本的にカタカナで示す）。対して「学名」は、スウェーデンの生物学者カール・フォン・リンネによって提案された動植物につける世界共通の学術上の名称のことで、通常はラテン語で表す。その理由は、今は誰もラテン語を使っておらず世界中誰にとっても公平であるから、また使われていない言語なのでそれを示す言葉は永久に変化しないからとされている。学名は通常「属名 種名」で表し、これを二名法という。これらはイタリック体（斜体）で表記する。例えば、世界中に分布する厄介な家ネズミ、「ドブネズミ」が和名で、英名では「Norway rat」、学名で「*Rattus norvegicus*」である。同じ家ネズミで東南アジアから日本にかけてすんでいる「ニホンクマネズミ」の場合、英名で「Black rat」、学名は「*Rattus tanezumi*」、ドブネズミと同じ *Rattus* 属で分類学上は近縁であることがわかる。また、「アマミトゲネズミ」は英名で「Amami spiny rat」、学名は「*Tokudaia osimensis*」。名前だけで関係性はわからないが、3種とも和名：○○ネズミ、英名：○○ rat であるものの、学名では *Tokudaia* 属のアマミトゲネズミがドブネズミとクマネズミとは違う属に分けられ、彼らほど近縁ではないことが推測できる。属と属の間がどれくらい近縁であるかまではわからないが、学名が万国共通の名前であり、便利な命名法であることは間違いない。

加えて、ある生物が地理的に隔離されて、その地域で生活するうちに形や色彩といった外観が異なっているが種で分けるほどの違いではない場合、「亜種」とされる。この場合、「属名 種名 亜種名」として表記される。アカネズミ *Apodemus speciosus* を例にしてみよう。本州・四国・九州にすむものはホンドアカネズミで「*Apodemus speciosus speciosus*」（下線部が亜種名）。北海道にすむものはこれより大型で尾が長いエゾアカネズミ「*Apodemus speciosus ainu*」。あとは省略するが、アカネズミ1種は実に8亜種にも分けられる。ところがアカネズミのように日本にしかいないようなローカルな動物種の場合、英名は区別されない。アカネズミも英名は全亜種が「Large Japanese field mouse」。和名や英名では同種でいくつかの異名をもつものもいるし、その逆で同じ名前が異種についている場合もある。ということは、学名は動物名を区別するのに一番都合がいいのだ。リンネさんはすごい。そしてありがとうと言いたい。

しかし今でも日本の動物園の解説板では、リンネの二名法よりも「○○目 ○○科」が主流だ。学名が表記してあっても、おまけ程度であることが多い。ラテン語がネックなのだろうかと思うが、意味はわからなくても（私にはわからない）、日本語に由来しているようなものを見つけたり、なぜそのような学名がついたのかを想像するのもなかなか楽しい。

ネズミとはまったく無縁の話になるが、サギの一種であるミゾゴイという鳥がいる（図1-8）。学名は *Gorsachius goisagi*。鳥に詳しい人は「おや？」と思うかもしれない。なぜならこのミゾゴイとは別属に、ゴイサギ *Nycticorax nycticorax* がいる。どちらかというと本種の種名が「*goisagi*」にふさわしいのではと思うが、どうやら命名者であるコンラート・ヤコブ・テミンク（オランダの動物学者）は、ミゾゴイをゴイサギと間違えて命名したのではないか、といわれている。さらにこのミゾゴイ、英名は Japanese night heron なのだが実は昼行性。一方、ゴイサギは夜行性である。学名も英名も勘違いされた不幸な（？）鳥、ミゾゴイ。全国の動物園における飼育数は少ないが、こんな情報を携えてぜひ一度見ていただきたい。

図1-8. ミゾゴイ（*Gorsachius goisagi*）

3 日本にすんでいるネズミたち

現在、日本で確認されている齧歯目は31種で、ネズミ形亜目、リス形亜目、ヤマアラシ形亜目の仲間が分布している。そのうち何種かは明らかに人間の手によって国外から持ち込まれ、定着してしまったものである。本来、日本にはネズミとリスの仲間のみが生息していただけであり、もともと日本にすんでいるもの（自然分布種）と、何らかの要因で日本の外、あるいは国内の別の地域から来てすみついたもの（移入種）がいる。自然分布種の中で日本にしかすんでいない種（日本固有種）は9種。種によってすんでいる地域は様々なので、似た分類の仲間ごとに紹介したい。

●真のネズミの仲間

ネズミ科

ネズミの中のネズミである。後述するキヌゲネズミ科にくらべ大きな耳、そして一般人に受け入れられない最大の特徴である長い尾をもっている。齧歯目で最大種数を誇り、日本においいても例外ではなく、最大のグループである。日本のネズミ科は英語で「〜mouse」あるいは「〜rat」で表される。

Apodemus属(アカネズミ属)

- アカネズミ *Apodemus speciosus*(図1-9)
- ヒメネズミ *Apodemus argenteus*(図1-10)
- ハントウアカネズミ *Apodemus peninsulae*
- セスジネズミ *Apodemus agrarius*(絶滅危惧ⅠA類)(図1-11)

家ネズミの仲間を除けば、日本で最も広く分布しているのはアカネズミとヒメネズミだ。両種とも北海道から九州にかけて広くすんでいる日本固有種である。アカネズミは周辺の島々にも確認されていて、ヒメネズミより分布域が広

図1-9. アカネズミ(*Apodemus speciosus*)
(口絵1-2、2ページ)

図1-10. ヒメネズミ（*Apodemus argenteus*）
（口絵 1-3、2 ページ）

図1-11. セスジネズミ（*Apodemus agrarius*）
（口絵 1-4、2 ページ）

い。加えて、アカネズミは本州中部から東と西で染色体の本数が異なっている。いくつかの亜種がいて、かつて別種とされていたこともあるほど。同じ仲間にハントウアカネズミとセスジネズミがいる。ハントウアカネズミは東アジアに広く分布し、日本では北海道のみにすんでいる。セスジネズミは東アジアからヨーロッパにまで分布しているが、日本で確認されているのは尖閣諸島の魚釣島のみである。自慢にもならないが、私はこれら日本のアカネズミ属全種の飼育経験がある。といっても、ハントウアカネズミとセスジネズミ（大陸産のコウライセスジネズミ *A.agrarius coreae* だと思う）は大学の研究室で飼育していた維持個体の世話をしていただけだが……。ハントウアカネズミとセスジネズミは、ネズミの権威であった故 土屋公幸先生（元 東京農業大学農学部野生動物学研究室 教授）の東京農業大学への異動とともに、宮崎大学で維持していた系統は途絶えてしまった。日本の動物園でもハントウアカネズミの飼育記録はあるものの、今現在、国内で飼育している情報を私は知らない。両種は導入の難しさもあるため（特に日本で唯一のセスジネズミの生息地であるとされている尖閣諸島は領土問題もあり、上陸すら難しい）、今後の国内導入・飼育は困難だと思う。

アカネズミ・ヒメネズミはどちらも普通種で個体数も多く、身近に捕獲や観察ができる野ネズミである。特にアカネズミには、地域によって形態などに違いが見られ、ヒメネズミよりも我々人間の生活圏に近いところにすんでいることから、研究対象として古くからよく用いられてきた。分類については古い文献と最近のものとでは差異も大きく、同じアカネズミでも別種とされていたり、異なる亜種に分けられていたりする。アカネズミは地域により3つの出産パターンがあることも報告されている。アカネズミは地域ごとに形態や生理などを変化させ、高い環境適応能力を得た、島国日本における野ネズミ界の成功者であるといえる。アカネズミとヒメネズミについては第4章でも取り上げるので、詳しくはそちらを参照してほしい。

Tokudaia 属（トゲネズミ属）

- オキナワトゲネズミ *Tokudaia muenninki*（絶滅危惧ＩＡ類／国指定天然記念物）（**図1-12**）
- アマミトゲネズミ *Tokudaia osimensis*（絶滅危惧ＩＢ類／国指定天然記念物）
- トクノシマトゲネズミ *Tokudaia tokunoshimensis*（絶滅危惧ＩＢ類／国指定天然記念物）

トゲネズミ属は沖縄・奄美大島・徳之島のみにすむ

図1-12. オキナワトゲネズミ（*Tokudaia muenninki*）
（口絵 1-5、3 ページ）

固有種であり、島ごとに別種とされ、それぞれの分布している島名が和名についている。また、その名のとおりトゲ状の毛をもつ。とはいっても、全身がトゲ状というよりは普通の毛の中にトゲ状のものが生えている感じなので、クマネズミやドブネズミといってもわからないくらいパッとしない。分類学的にはアカネズミに近縁であるとされる。トクノシマトゲネズミは以前から可能性の指摘はあったものの、ごく最近まで独立した種として記載されていなかった。トクノシマトゲネズミという種名が与えられたのは2006年のこと。それまでの文献では「徳之島のトゲネズミ」。さらに古い文献では、すべてアマミトゲネズミとされているものも。トゲネズミ自体、発見から100年も経過していない（アマミトゲネズミは1933年、オキナワトゲネズミは1946年）。我々人間にとっては比較的新しい存在なのだ。

トゲネズミの得意技は、60㎝を超えるという垂直ジャンプだ。トゲネズミの最大の天敵はハブであり、垂直ジャンプはハブの攻撃を回避するために発達したと考えられている。現在、トゲネズミにとっての脅威は人間の活動などによる生息地の減少と、ハブ対策で持ち込まれたマングースや、ペット由来であるノネコ・ノイヌによる捕食である。奄美大島では環境省を主体とした取り組みによってマングースの防除が成果を挙げている一方で、ノネコによる被害は目立つようになっている。アマミトゲネズミは少しずつ個体数を増やしつつあるが、いまだオキナワトゲネズミ、トクノシマトゲネズミはいつ絶滅してもおかしくないのが現状である。現に近年までオキナワトゲネズミは、ノネコなどの捕食者の糞から毛などが検出された以外、生息の報告はなかった。２００８年に生きた個体が捕獲され、実に30年ぶりに直接的な生息確認がされた。

トゲネズミは研究者にとって、非常に興味深い哺乳類であるとよくいわれる。というのも、生息している島ごとにすべて染色体の数が異なっている。染色体数の違いはアカネズミなどでも知られているが、注目すべき点はそこではない。高校で生物を習った人ならばわかると思うが、一般的な哺乳類の性別はXとY、2つの性染色体によって決定される（XY型）。オスはXY、メスはXXといった具合だ。しかし、トゲネズミにはこの性決定様式が当てはまらない。アマミトゲネズミとトクノシマトゲネズミはY染色体をもたない（XO型）。なのにオキナワトゲネズミだけはY染色体をもっている（XY型）。そのX染色体もY染色体も他の哺乳類にくらべてかなり大きいらしい。トゲネズミ類の性決定のメカニズムについては、現段階では明らかにされていない部分がほとんどである。トゲネズミは全種、国の天然記念物に指定されており、これらのサンプル入手が難しく、トゲネズミの生態解明の大きな壁となっている。２０１８年、環境省と全国の動物園によって、世界初となるアマミトゲネズミの飼育下繁殖に成功した（第4章参照）。現在は飼育下第2世代の繁殖にも成功している。このような一歩がトゲネズミの性決定の解明に寄与できればと願う。

Diplothrix 属（ケナガネズミ属）

・ケナガネズミ *Diplothrix legata*（絶滅危惧ⅠB類／国指定天然記念物）（図1-13）

ケナガネズミはトゲネズミと同じ沖縄・奄美大島・徳之島のみに生息する固有種。分類的には後述のクマネズミ属に近いとされ、トゲネズミとは異なるネズミである。名前の由来でもある硬くて50～60㎜にもなる長い毛が背部に生えており、尾の先端5分の3ほどは必ず白くなる。この尾の白い部分には何らかの意味があるのだろうが、今のところよくわかっていない。ケナガネズミは日本最大の真のネズミの仲間（ネズミ形亜目）だ。体重は450～990gと、子ネコほどの大きさもある。このサイズがあだとなっているのか、近年のケナガネズミの死因ワースト1位は交通事故によるもの。

ケナガネズミはその体の大きさにもかかわらず、木登り名人でもある。地上に下りて活動することもあるが、ほとんどの時間は樹上で過ごす。シイやマツの実などの種子や、昆虫を食べる雑食である。ケナガネズミがマツの実を食べたあと（食痕）は、芯の部分がまるでエビフ

図1-13. ケナガネズミ（*Diplothrix legata*）
（口絵 1-6、3 ページ）

ライのようであり、「森のエビフライ」といわれる。同じものはリスやムササビ、モモンガで見られる（**図1-14**）。ケナガネズミの生息地にはリスの仲間はいないので、ケナガネズミの生活痕としてこのエビフライが分布調査に用いられることもある。移入種のクマネズミも「エビフライ」をつくることがあるが、食痕の見られた場所で糞を調査することにより区別は可能である。

図1-14. ニホンモモンガがマツの実を食べたあと
ケナガネズミ以外にリスの仲間もこの「エビフライ」をつくる。

私はまだ野生のケナガネズミに遭遇したことはない。アマミトゲネズミの捕獲のため奄美大島に同行した際も、夜にメンバーと林道に散策に行ったときも、アマミノクロウサギには出会えてもケナガネズミには出会えなかった。しかしその後、私が不参加だったトゲネズミ捕獲作業のときには姿を現したそうで、参加していた同僚が嬉しそうに写真を見せてくれた。私が見た生ケナガネズミは沖縄の動物園で保護飼育された個体だった。このケナガネズミは長期飼育に成功した高齢のメスで、体重は中間サイズ（600gくらい）だったと思う。それでも国内最大種、その存在感はトゲネズミの比ではなかった。雌雄ペアで飼育していたころには、互いに鳴き交わす行動も観察されたそうだ。ケナガネズミもトゲネズミ同様、天然記念物で飼育例はほとんどなく、飼育下繁殖例はない。もし、飼育・繁殖に取り組めるならぜひ成功させたい、私の一番気になるネズミだ。現在、ケナガネズミを飼育展示している施設はないが、国立科学博物館の常設展示でリアルな本剥製を見ることができる。

Rattus 属（クマネズミ属）

- ドブネズミ *Rattus norvegicus*
- クマネズミ（アジア［ニホン］クマネズミ）*Rattus tanezumi*
- クマネズミ（ヨーロッパ［ヨウシュ］クマネズミ）*Rattus rattus*
- ナンヨウネズミ（ポリネシアネズミ）*Rattus exulans*

飼い馴らされるのではなく、人間に寄生することで大成功を収めたネズミたちである。パンク・ロックバンドであるザ・ブルーハーツの代表曲「リンダリンダ」の歌いだし（♪ドブネズミみたいに美しくなりたい〜）に登場するくらいメジャーな存在だ。日本人なら一度は耳にしたことがある「ドブネズミ」について、この歌詞では様々なメタファーを込めて「美しい」と表現しているのだが、いいイメージをもっている人はいないだろう。

「ドブネズミ」「クマネズミ」、後述する「ハツカネズミ」、人間の生活に依存しているこの3種は、「家ネズミ」と呼ばれる。対してアカネズミやヤチネズミなど、人間の生活に依存しないネズミを「野ネズミ」と呼ぶ。これらは便宜上の呼び方で、分類学上の分け方ではない。家ネズミはもともと日本にいたわけではなく、本来は東南アジアやオセアニアにすんでいたものが、世界中に広がっていったと考えられている。ドブネズミ、クマネズミ、ハツカネズミの3種が家ネズミとされるのは日本の場合であって、これは地域によって様々である。例えば日本では、1955年に宮古島で採集されたきりのナンヨウネズミは「家ネズミ」とはいえないけれど、東南アジア諸国では普通に屋内に出没するので「家ネズミ」である。ナンヨウネズミは寒さに弱いので、日本などにまでは分布域を広げられなかったようだ。害獣としての家ネズミについては第3章で紹介する。

ドブネズミとクマネズミは似ているが、クマネズミは最大200gほどなのに対してドブネズミは500gと、かなり大型である。最大の違いは生活の場で、ドブネズミはその名のとおり、下水や排水路など湿った環境を好み、郊外では畑の斜面などに穴を掘って巣をつくったりもする。対するクマネズミは乾燥した場所を好み、ドブネズミよりも身軽で、足裏の肉球が特殊な構造をしていて、縦に登る能力に優れている。そのため、ビルや家屋の天井裏にも侵入できる。

現在の日本では、都市化によってドブネズミよりクマネズミの方が「家ネズミ」の最大勢力となっている。天井裏でドタバタ、チューチューと聞こえたら、それはクマネズミでほぼ違いない。日本のクマネズミは、かつてはすべてが「クマネズミ *Rattus rattus*」とされていたが、染色体や形態の違いから2種に分けられるのでは、と議論されていた。近年はヨーロッパや南北アメリカ、日本では小樽港などで確認されているヨーロッパ（ヨウシュ）クマネズミ *Rattus rattus* と、東南アジアや日本各地に分布するアジア（ニホン）クマネズミ *Rattus tanezumi* に分類されている。明治ごろまで、東北地方の水田まわりで捕獲されたクマネズミは別のネズミだと考えられていた。これはタネズミ(田ネズミ)と呼ばれ、ニホンクマネズミの種名の *tanezumi*（タネズミ）の由来とされている。

Mus 属（ハツカネズミ属）

- ニホンハツカネズミ *Mus musculus molossinus*（図1-15）
- オキナワハツカネズミ *Mus caroli*

ニホンハツカネズミはユーラシア・北アフリカにかけ

図1-15. ニホンハツカネズミ
(*Mus musculus molossinus*)
（口絵 1-7、3 ページ）

て広く分布し、日本では北海道から沖縄まですんでいる。オキナワハツカネズミは東南アジアに分布し、日本では沖縄のみにすんでいる。オキナワハツカネズミは主にサトウキビ畑などの農耕地にいて、人家には侵入しない。そのため、同じ「ハツカネズミ」でも「家ネズミ」なのはニホンハツカネズミだけだ。沖縄では両種が混在しており、オキナワハツカネズミの尾が少し長く、足裏が黒いことで見分ける。ハツカネズミの「ハツカ」は、妊娠期間が20日だからとか、古語の「はつか＝小さい」に由来するだとか、昔は「甘口ネズミ」と呼んでいたのが「廿日ネズミ」になった（廿：にじゅう）から、などなど諸説ある。最後の説は、書いているうちに「廿」の真ん中の横棒が隣の「口」に移動したということなのか。いずれにせよ、名前の由来についてはよくわかっていない。

ハツカネズミは同じ家ネズミとされる*Rattus*属にくらべてとても小さい。10～20g程度しかなく、クマネズミで同じくらいの大きさだと、生後1週間といったところだろうか。見た目もハツカネズミの方がつぶらな瞳でかわいらしい。そんな小さくて愛らしいハツカネズミで、ニホンハツカネズミは人家だけではなく、農耕地、草地、河川敷、畜舎など様々な場所にすんでいる。嘘か真か肉用冷凍庫に侵入し、肉の中に巣をつくって生活しているという話さえある。家屋や畜舎にいるものは、家畜用飼料や食用米などの穀物を食べていると思われる。小さい体にもかかわらず、生息場所の幅広いバリエーションや広い分布などは、ハツカネズミに秘められた驚くべき環境適応能力を示している。ハツカネズミは家ネズミの中で唯一、日内休眠することが知られている。日内休眠という特殊な能力で家ネズミの中の体格差を克服し、世界進出を果たしたのかもしれない（詳しくは第5章参照）。

ハツカネズミは狙って探しても意外に見つからない。過去にハツカネズミを狙った捕獲調査で、いろいろな場所にトラップを設置してまわったことがある。ところが、1頭も捕まえることはできなかった。そうかと思ったら、周囲にトラップを設置した畜舎の中に積み上げてあった、ヤギのエサ用の乾草を移動したら、その中で巣をつくって子育てしているところに出くわしたり、私とハツカネズミとの出会いはいつも偶然である。

Micromys 属（カヤネズミ属）

• カヤネズミ *Micromys minutus*（**図1-16**）

日本に分布するネズミで最小である。本州中部より南から九州にかけて分布している。名前の「カヤ」が示すように、イネ科の草などが茂るところでこれらを利用し、野球ボールほどの美しい球形の巣をつくる（**図1-17**）。

最小、とはいうものの体の大きさには個体差もあるため、比較的大きさが似ているハツカネ

図1-16. カヤネズミ（*Micromys minutus*）
（口絵 1-8、3ページ）

図1-17. カヤネズミの球形の巣
河川敷や牧草地など、イネ科の草木が生えるところを探すと見つけることができる。

ズミとの区別に悩まされることがある。ハツカネズミの方がカヤネズミよりもピョンピョンよく跳ねる（カヤネズミの動きが鈍いわけではなく、ハツカネズミが俊敏すぎる）。外見では尾の長さや使い方、吻（鼻先の部分）のとがり具合、耳の大きさに違いがあるが、両種を見慣れないとなかなか難しい。

あるとき、動物園の先輩が園内でネズミを拾った。そこでネズミをたくさん飼育している私の現場に届けてくれたらしい。私はその日勤務ではなかったので同僚が受け取り、確認して大きさからカヤネズミだと思ったそうだ。確認のため画像が送られてきたのだが、特徴を見て「それはハツカネズミだよ」と返事をした。しかし、返信が届く前にハツカネズミのお得意のジャンプで、容器から跳び出て逃げていったそうである。普段からカヤネズミを目にしている人でも間違えるくらい、差がないといえばないのだ。

私が以前教わった識別法は、「においを嗅ぐ」だ。カヤネズミのにおいは特に気にならない。一方のハツカネズミはアンモニアのような、何とも例えにくい独特の体臭をもつ。実験動物を扱ったことのある人には説明は簡単で、「ハツカネズミを家畜化したマウスの飼育室のにおい」というと、なるほど、と納得される。ちなみに同僚は「エサ用に飼育しているマウスのにおい」で理解してくれた。

キヌゲネズミ科

かなり大雑把にいうと、ハムスターの親戚である。ごく一般的なネズミとは異なり、外観は小さな耳・短い尾をしている。彼らは主に地中にトンネルを掘ったりして生活しているため、このような形態になったのではないだろうか。また、臼歯（奥歯）の構造がネズミ科と大きく異なり、扇を並べたような形状で、平べったい。これはネズミ科の多くが種子や昆虫を主食とする雑食なのに対し、キヌゲネズミ科が草や木の根を主食としているためで、繊維質の食物をすりつぶしやすい構造になっている。

このように、キヌゲネズミ科はネズミ科とは体や食性が大きく異なるため、英語では「mouse」や「rat」ではなく「vole」と呼ぶ。ちなみに、日本にはいないキヌゲネズミ科には、ハムスター

(hamster) やレミング (lemming) などもいる。

Myodes 属 (ヤチネズミ属)

- エゾヤチネズミ (タイリクヤチネズミ) *Myodes rufocanus bedfordiae*
- ムクゲネズミ *Myodes rex* (準絶滅危惧種)
- ミカドネズミ (ヒメヤチネズミ) *Myodes rutilus mikado*

日本では北海道にのみ分布する。エゾヤチネズミとミカドネズミはそれぞれ、大陸にすむタイリクヤチネズミとヒメヤチネズミの北海道亜種である。ムクゲネズミだけが北海道にのみ分布する固有種である。北海道にはハタネズミが分布していないため、本来ハタネズミがすむ環境にもヤチネズミ属が生息している。大きさ(体重)は最小のミカドネズミで15〜30g程度、ヤチネズミ属で世界最大のムクゲネズミで33〜78gほどであり、最大勢力は中サイズのエゾヤチネズミ(27〜50g)である。

エゾヤチネズミは北海道の草原や牧草地、広葉樹林など広い範囲にすんでいる。植林した木の苗や農作物を食害したり、エキノコックス[注2]やハンタウイルス[注3]を伝播するなど、林業や農業だけではなく人獣共通感染症の原因にもなる、害獣とされている。ムクゲネズミとミカドネズミは、エゾヤチネズミよりも林の中を好むようだ。

Eothenomys 属（スミス［ビロード］ネズミ属）

- ヤチネズミ *Eothenomys andersoni*
- スミスネズミ *Eothenomys smithii*（図1-18）

ヤチネズミ・スミスネズミはともに日本固有種である。スミスネズミは日本のネズミとは思えない名前だが、これは発見者であるイギリスの生物学者、ゴードン・スミスに由来する。ヤチネズミは本州中部・北陸以北と和歌山県南部に、スミスネズミは新潟県および福島県以南・九州・四国にすんでいる。ん？と思った人は鋭い。ヤチネズミ属で3種いたけど、ヤチネズミってそっちの仲間じゃないのか？ビロードネズミ属とヤチネズミ属、外観はどれも似たようなものである。というか、私はこの仲間ではスミスネズミしか見たことがないので、写真を並べられても区別がつかない。ではどこが違うのか。臼歯に歯の根っこ（歯根）ができるかどうかだという。人や一般的な哺乳類の歯は永久歯であり、歯根がある。「ネズミを知る前に」の節で説明したが、ネズミの仲間は門歯（前歯）にこの歯根が

図1-18. スミスネズミ（*Eothenomys smithii*）
（口絵 1-9、3ページ）

なく、生涯伸び続ける（無歯根）が、臼歯には歯根がある。しかし、ビロードネズミ属や後述するハタネズミ属には、臼歯にも歯根がない。これは繊維質の多い食物を効率よく小さくすりつぶすための適応だと考えられる。

学生のころ、スミスネズミを初めて捕獲したとき、誰もこのネズミを見たことがなかったので、これは果たしてスミスネズミなのかハタネズミなのか、とみんなで悩んでいた。タイミングよく、ネズミ博士の土屋先生が宮崎にいらっしゃったときであり、判定してもらうと、スミスネズミだった。今振り返ると成獣サイズであり、体毛が赤みを帯びていたことと、捕獲したのが森林だったことなどから判別できたが、幼獣では本当に区別が難しい、というかできない。先生は「わかりにくいときは歯を見ればいい」と話されていたが、ハタネズミは門歯が橙色っぽく、スミスネズミは白色で臼歯の形が違う（これは解剖しないとわからない）。一度ペアで飼育したことがあるが、世話に手を抜いてしまい、そのまま繁殖もせずに死んでしまった。現在、全国の動物園でスミスネズミは飼育されていないようだ。あのときもう少し真面目にやっていれば……と悔やんでいる。

Microtus 属（ハタネズミ属）

・ハタネズミ *Microtus montebelli*（図1－19）

図1-19. ハタネズミ（*Microtus montebelli*）
（口絵 1-10、4 ページ）

日本固有種で、本州と九州の農耕地、植林地、河川敷、牧草地などに広く分布している。おそらく、日本で一番飼育されている野ネズミである。植物食であり、すでに実験動物として確立されているマウスやラットとは大きく異なった生理生態をもつ。ハタネズミの仲間も実は世界各国で実験動物として飼育されていて、日本でも実験動物として比較的新しい野ネズミであり、毛色変異の白いハタネズミなどもいる。

ハタネズミは実験動物として人間に貢献する一方、害獣としての側面もある。植物食であり、スミスネズミより人間の生活圏に入り込んですんでいるためか、農作物を食害する。特に被害が多いようだ。動物園のモグラ展示コーナーで、「うちの畑の野菜をモグラに食べられて困っている。どうにかならないか」と相談する来園者の方がよくいた。そのたびに、「モグラは肉食なので野菜は食べません。おそらく、モグラのトンネルを使ったりして野菜を食べにきている家ネズミかハタネズミの仕業ですよ」と説明する。特に年配の人には「土の中の害＝モグラ」という思い込みが強いように思う。モグラにとってはいい迷惑なのだが、モグラがトンネルを掘っての地中生活が主であるため、ダイコンやニンジン、サツマイモなどの野菜はトンネルを掘ることによって、ダイコンやニンジンが二股になって商品価値がなくなったり、田んぼの畔から水漏れを起こしたりということもあるようなので、すべてかばうというわけにもいかず、何とも悩ましい。身近な野生動物の生態を来園者に伝え理解してもらうこと、それも動物園の１つの役割だ。

図1-20. エゾリス（*Sciurus vulgaris orientis*）
おびひろ動物園の敷地内にて。野生のエゾリスがのんびりとオニグルミを食べていた（口絵 1-11、4 ページ）。

●その他のネズミの仲間たち

日本に生息し、真のネズミ以外のリス形亜目に分類される仲間も少し紹介したい。

リス科

Sciurus 属（リス属）

- ニホンリス *Sciurus lis*（絶滅のおそれのある地域個体群［中国・九州地方］）
- エゾリス *Sciurus vulgaris orientis*（**図1-20**）

ニホンリスは本州・四国・九州に分布する固有種で、

エゾリスはユーラシア大陸に広く分布するキタリスの亜種である。ニホンリスについては、九州では過去100年以上、確実な生息確認の報告はなく、「環境省レッドリスト2019」でも九州と中国地方のニホンリスは「絶滅のおそれのある地域個体群」に掲載されている。

ニホンリスは、全国の動物園で比較的多く飼育展示されている。来園者の前でも物怖じしない性格、体重が200〜300gほどで、100g以下のシマリスにはない存在感、そして地上と樹上を立体的に動き回る姿は見ていて飽きない。エゾリスはニホンリスよりひと回り大きく、北海道にある4つの動物園すべてで飼育展示されている。私が2年ほど前、帯広市にあるおびひろ動物園へ研究会で行ったときのこと。園に向かうバスに乗っていると、公園のフェンスの上にエゾリスを見つけ、初めて見た野生のエゾリスに感動した。いやー、あれはよかったなと、余韻に浸りながら動物園を見学していると、園内に普通にいるではないか……。木の上でこちらを気にすることもなくクルミを齧っており、北海道でのエゾリスの身近さがうかがえた。キタリスはエキゾチックペットブームの際にかなり国内に持ち込まれたが、エゾリスとの交雑の懸念や国内での定着を防ぐため、特定外来生物に指定され、現在は輸入・飼育できない。

Petaurista 属（ムササビ属）

- ムササビ *Petaurista leucogenys*（図1-21）

齧歯目という括りの中では国内最大で、大きいものでは1200gにもなり、全長は80㎝を超える。日本固有種で、本州・四国・九州に生息する。手足の「飛膜」と呼ばれる膜を広げて滑空（かっくう）することができる。英名「Japanese giant flying squirrel（日本の巨大な飛ぶリス）」の示すとおりであり、「空飛ぶ座布団」と例えられることもある。あくまでも高いところから低いところへ飛び降りているのであって、同じ哺乳類でもコウモリのように飛翔するわけではない。エンジンをもたず、離陸に外部からの補助が必要なグライダーと、自分で離陸することができる飛行機との違いのようなものだ。ムササビは眼球が他の齧歯目のように横向きではなく正面についており、食肉目（ネコやイタチ）のような顔つきをしている。そのため、見た目は非常にかわいい。が、意外に気性の激しい面もある。

ときおりムササビの幼獣が保護されることがある。多くは解体中の建築物や電気の配電盤に営巣してしまい、そういった場合やむなく回収される。過去に保護された個体の話だが、その個体は幼獣で離乳前と思われたので人工哺育をすることになった。やがて、飼育担当たちの熱

図1-21. ムササビ（*Petaurista leucogenys*）
（口絵 1-12、4ページ）

心な管理で無事生育することができた。ちょうど離乳してしばらくしたころ、新人飼育員が配属されてきた。すると、私たちを見ると甘えて寄ってくるその個体は、今までに見せたことのない攻撃態勢をとり、新人が近寄ろうものなら飛びかかり、あろうことか新人が側にいるだけで私たちまで咬みつかれるという、とばっちりを受ける羽目にまでなってしまった。そういえば先輩が以前、人工哺育をした別の個体も、哺乳をしていた人には非常におとなしく甘えていたのに、それ以外の人には懐くどころか攻撃的だった。野生動物だから懐かないというより、一度関係を築くと変更は難しい性格のようだ。小さいネズミなら何ともないかもしれないが、1kgくらいの獣が飛びかかってくるのは恐怖である。

ここまで獰猛になるなら、ムササビは小動物などを襲って食べるのでは、と思ってしまう。昔、私が夢中になって読んだ、高橋よしひろ氏の漫画『白い戦士ヤマト』に、2mくらいに巨大化し、さらに肉食化したムササビが登場する（もちろんフィクション）。食肉目のような目の配置や、漫画のイメージから、何となく「ムササビって肉食かも？」と想像してしまう。ところが実際、主食は木の葉や芽・花、果実などであり、大部分は木の葉を食べる「葉食性」である。さらにムササビは、モモンガがすまないような標高の低い里山や社寺林のようなところにまで広く生息している。これは、ムササビとモモンガのサイズの違いに関係しているようだ。ムササビは体が大きい分、モモンガより大きな消化管をもっている。ウシの仲間では、体が大きい＝消化管サイズ（ウシの場合は第一胃[注4]のサイズ）が大きいと、難消化物である繊維を多く含むエネルギー価の低い食物を大量に摂取することで、効率よくエネルギーを得ることができる。つまり、ムササビはモモンガより繊維の多い、低質な食物（とはいってもウシのようにそこらじゅうに生えている草のほとんどまで食べられるわけではない）も利用できるのだ。そのため、モモンガより生活場所の選択肢が増える。

私たちに身近である分、社寺林や民家の軒先にすみついたりと、観察が比較的容易な動物でもある。富山県の富山市ファミリーパークでは、園内に設置した巣箱に野生のムササビがすみついていて、しかも巣箱に設置されたカメラでライブ映像を見ることもできる。場合によっては生ムササビが観察できることもあるようだ。ぜひ、行ってみてほしい。

Pteromys 属（モモンガ属）

- ニホンモモンガ *Pteromys momonga*（**図1-22**）
- エゾモモンガ *Pteromys volans orii*

図1-22. ニホンモモンガ（*Pteromys momonga*）
（口絵 1-13、4 ページ）

ムササビと同じく飛膜をもち、滑空することができるリスの仲間である。体の大きさはニホンモモンガ150〜220g、エゾモモンガ62〜123gと、ムササビにくらべてかなり小さい。ゆえにムササビと対比して、「空飛ぶハンカチ」と例えられることもあり、小型な分ちょこまかと動き回る。ニホンモモンガは本州・四国・九州、エゾモモンガは北海道全域に分布する。ニホンモモンガは日本固有種だが、エゾモモンガはユーラシア大陸に広く分布するタイリクモモンガの亜種である。かつてタイリクモモンガはキタリス同様、ペットとして流通していたが、在来種交雑などのおそれがあり、現在は特定外来生物に指定されているため、国内での飼育はできない。モモンガもムササビ同様、ほとんどを木の上で過ごし、木の葉や芽、種子などを食べているとされるが、ムササビほど野生下における食性はわかっていない。

ムササビやモモンガはリスの仲間なのだが、リスの昼行性と逆の夜行性である。ムササビやモモンガを飼育していておもしろいと思ったのは、明暗に対する反応だ。飼育下では、屋内で人工照明下に置かれることも多い。その場合、野外のように昼→薄暮→夜という、少しずつ変化していく明るさのサイクルがない。昼（照明ON）と夜（照明OFF）の2択のみになってしまう。飼育下でこの昼と夜の変化に伴うネズミたちの行動を観察していると、一般的には「あれ、夜になりました？　じゃあそろそろ起きますか……」という感じで、少し時間が経過してから動き始める。ところがムササビの場合、照明が消えると同時にあくびと伸びをしながら巣箱から出てくる。このような話はモモンガでもあるらしい。彼らにとって「照明のスイッチ」は「生活のスイッチ」にもなるようだ。

ニホンモモンガはムササビにくらべ、比較的高い山林に生息することもあり、九州では長くニホンモモンガの生息が確認されていなかった。ところが2006年に宮崎県椎葉村(しいばそん)で30年ぶりに確認され、立て続けにその翌年、今度は熊本県と宮崎県延岡市で発見された。延岡市におけるモモンガの貴重な生息確認をしたのは、宮崎大学で当時博士課程に在籍していた大久保慶信氏である。彼はセンサーカメラ（自動撮影カメラ）を設置し、撮影に成功した。その際、大久保氏の自動撮影カメラはモモンガだけではなく、天然記念物のヤマネの撮影にも成功している。自動撮影調査はただ山の中にやみくもにカメラを設置すればいいわけではない。ここなら動物が通るはず！というところをピンポイントで選択しなければ、ただ風に揺れる木が写るだけで、経験とセンスがないとなかなかうまくいかない。大久保氏の技術は後輩にも受け継がれ、さらに2年後、同研究室のメンバーたちによって、今度は宮崎県中央部に位置する綾町の山林で再びニホンモモンガを発見、撮影に成功した。宮崎大学の学生たちの活躍のおかげで、私は宮崎県に生息するネズミのほとんどを観察することができた。その後は巣箱調査なども加え、宮崎県内では定期的にモモンガの生息が確認されている。また、宮崎大学による調査開始から15年以上経過した現在も、宮崎県延岡市の調査は市内にある九州保健福祉大学の学生に引き継がれており、新たなニホンモモンガの生息確認もある。

Tamias 属（シマリス属）

・エゾシマリス *Tamias sibiricus lineatus*

ユーラシア北部に分布するシベリアシマリスの亜種で、北海道にすむものをエゾシマリスという。ペットショップで売られているものは、シベリアシマリスである。エゾシマリスは日本のリス科で唯一、冬眠する。そして名前のとおり、背中に5本の縞模様があり、地上で活動するときにカムフラージュの役割を果たすらしい。リスはジリスの仲間以外、木の上にいるイメージが強いが、シマリスは地上と樹上を半々で生活する。古くからペットとしてよく飼育されていたためか、シマリスやハムスターというと、日本人はヒマワリの種を思い浮かべてしまう。しかし実際は雑食で、ハイマツなどの種子や花、昆虫や小鳥の卵まで食べる。

ニホンリスやエゾリス同様、昼行性である。活動時間帯が人間と同じであり、大きさや見た目のかわいらしさからシマリスはペットに向いている気がするが、動きはかなり俊敏で扱いやすいとはいえない。そのためか、ペットのシベリアシマリスが逃げ出したと思われるものが国内でときおり見つかっている。宮崎県内でも過去にシマリスを保護・収容したことがあり、新潟県、山梨県、岐阜県では野生化の報告もある。

15年以上前、私の大学時代、研究室でもシマリスを飼育していた。先輩の休眠研究のため韓国で捕獲されたチョウセンシマリスと、北海道のエゾシマリスだった（もちろん研究用の許可はとっている）。調査のため先輩は現地に留まり、リスだけ先に到着したため、代わりに我々後輩が飼育を開始することに。ワクワクしつつも少し嫌な予感もした。エゾシマリス数頭が捕獲した籠罠に入って送られてきたため、仮の住まいである大きめのラット飼育ケージに移すことにした。嫌な予感が的中し、移動の際にそのうちの1頭が飼育室内で脱走した。そして、あろうことか飼育室内にある遮光ボックス[注5]の排気ダクトの隙間に入り込んでしまった。この排気ダクトは光を遮断するため、内部が複雑な構造になっているうえに分解できない。とりあえずシャーマントラップ[注6]を仕掛け、様子を見ることにした。翌日、脱走個体は無事捕獲されたが、長くてふさふさしたあのかわいらしい尾の先端3㎝くらいをトラップの蓋で挟んでしまい、尾が短くなってしまった。「ああ、リスの尻尾ってネズミと同じで簡単に抜けるんだ……」と他人事のように思いつつ、「シマリス、めんどくさいな……」と思った記憶がある。

そこから15年ほど時は流れ、先日、地元の中学の同級生が出張で来た際に久々に昔話をした。彼は学生時代、シマリスが好きでいくつか飼育経験がある。そのときのことを振り返って話をしてくれた。どちらもリスが幼獣から亜成獣くらいのときにペットショップで購入し、面倒をみていたそうだ。1頭目は実家で飼っていたが、彼の母親以外（友人本人すら）に攻撃的で、手を出そうものなら咬みつかれていたらしい。2頭目は、今の奥さんと付き合っていたときに飼育していたそうだが、こちらは友人と彼女（現奥さん）のどちらにも攻撃的で、ずっと手におえたものではなかったという。まるでムササビと私たちとの関係のようだ。リス科の動物は、幼獣期に関係を構築すると改善は難しいデリケートな部分があるのかもしれない。何にせよシマリスに限らず、大きくても小さくても野生動物とは本来、イヌやネコのように人間と身近な距離で接してくれる生き物ではないということを、常に頭の片隅に置いておかなければならない。

図1-23. ヤマネ（*Glirulus japonicus*）
（口絵 1-14、4 ページ）

ヤマネ科

Glirulus 属（ヤマネ属）

・ヤマネ *Glirulus japonicus*（国指定天然記念物）（図1-23）

本州・四国・九州・隠岐島後に分布する固有種で、日本にいるヤマネ科は本種のみ、漢字では「山鼠」と書く。花

図1-24. 飼育ケージの金網蓋にぶら下がるヤマネ

まさに忍者。

の蜜、果実、昆虫や小動物などを食べ夜行性で、樹上を生活の場にしている。細い枝でも器用につかむので、他の齧歯目とは違って木の枝にぶら下がって移動したりもする。その姿から「森の忍者」といわれるのもうなずける（図1-24）。樹上生活に特化しているらしく、若干、脚が「ハの字」に開いている。実際、飼育個体を木の板の上で走らせてみると、一生懸命脚を動かす割に進まない。これは水生昆虫であるゲンゴロウを地上で歩かせたときに似ている。また、背面の中心部に黒い縞模様が1本ある。冬期は冬眠することも古くから知られており、かなり古い文献でもヤマネの冬眠について記述されている。そのため「冬眠鼠（とうみんねずみ）」とか、「毬鼠（まりねずみ）」と呼ばれることもある。毬鼠は、冬眠するときの丸まった姿からつけられたものだといわれる。ヤマネは冬眠だけではなく、日内休眠という浅く短い期間の休眠（これは冬以外も確認されている：第5章参照）もする。冬眠期間は環境によって異なり、西日本の個体の方が短いと考えられている。山間部では冬眠期に家屋へ侵入して布団の中で丸くなっていた、などというケースも多い。一方でヤマネには齧歯目、特にヤマアラシ形亜目で発達している盲腸がない。しかも外観からは小腸と大腸の境も不明瞭なくらい、シンプルな消化管である。また他の齧歯目とくらべ、顎の筋肉が発達しておらず、ドングリのような堅果を割って食べることができない。そこでヤマネは、春は花や新芽、夏は昆虫や樹皮、秋は種子や果実と、食性を季節によって変化させることも知られている。さらに、夏の体重は20gほどだが、冬眠前には40gほどにまで「おデブ」になる。冬眠期のエネルギーとして脂肪を蓄積するのだ。ラクダのコブと似たようなものだ。小さなヤマネにとって「冬眠」は、寒さとエサ資源に乏しい冬を乗り越えるための1つの「生き残り戦略」なのである。

　モモンガのところで紹介した大久保氏や私が在籍していたのは、恩師である宮崎大学農学部の森田哲夫先生の研究室（当時）である。農学部での通称は「森田研」だ。森田研では2003年より、保全を目的とした宮崎県内の小型哺乳類（特に齧歯目）の生息調査を行っていた。ちょうど2003年は私が研究室に配属された年で、同級生の木場君の卒論テーマであるヤマネを中心とした哺乳類調査に、私も参加していた。ヤマネは他の齧歯目と異なり、トラップでの捕獲は難しいため、生息地に巣箱を設置し、その利用によって生息の有無を調べるのが主流である。生息地1つにつき数十～100個近い巣箱を等間隔に設置し、月1回ひたすら見回るというものだった。宮崎ではモモンガ、ヤマネ、ヒメネズミが巣箱を利用する。モモンガはヤマネとは使う巣箱の形状が違うが、ヤマネとヒメネズミは同じ巣箱を用いる。しかし、ヒメネズミは巣材として主に木の葉を使い（**図1-25**）、ヤマネはコケやスギの樹皮を割いたものであるため（図1-26）、どちらが使ったのかはすぐに判別できる。

調査開始から3カ月後、ヤマネ生息の痕跡（巣材の一部、糞）を確認した。研究室のメンバー全員で大喜びした。さらに翌年の春、ヤマネも活動を開始するくらい暖かくなってきたころ、巣箱の中に大量のコケが入っていた。「やった！」ヤマネの巣であるコケの塊を確認できた。次の巣箱もコケを確認。「やった！ 今夜はご馳走だ、先生に連絡入れておこうぜ！」と喜んだ矢先、コケの違和感に気づく。「コケは入ってるんだけど、3～4㎝くらいの白い毛みたいなものも入ってる……。今までのヤマネの巣材にはなかったよ」さらに次の巣箱をのぞく。のぞいた人は無言になる。そして次のメンバーに代わる。「……」私ものぞいてみると、シジュウカラが座っていた。その下には白い小さな卵が見え、巣材はコケと体毛と思しき物体。「お前らかよー！」小鳥が侵入しにくいよう、巣箱の入り口に工夫をしているのだが、鳥の方が賢いらしく、ヤマネ用巣箱を

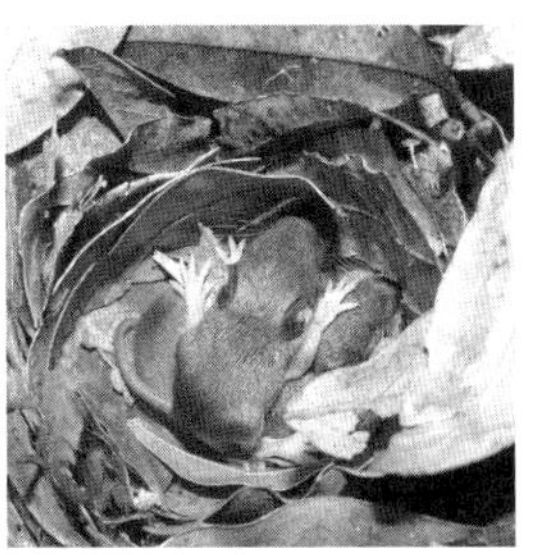

図1-25. ヒメネズミの子ども
ヒメネズミの巣は木の葉が敷き詰められている（口絵 1-15、4ページ）。

図1-26. 巣箱で眠るヤマネ
ヤマネの巣材はコケや樹皮（スギなど）でできている。ヤマガラやシジュウカラもコケで巣をつくるので、春は判別がややこしい（口絵 1-16、5ページ）。

産室としてちゃっかり使用していた。

4月、5月にコケが入っていて、かつ樹皮もあったらヤマネの可能性大。シカっぽい獣毛があったらカラ類が産卵床に準備を進めていて、すでに卵を産んでいることもある（**図1-27**）。余談だが、シカの毛は竹輪のように中空になっているので、曲げるとポキンと折れる。一方、ニホンカモシカの毛は中が詰まっていて弾力があり、曲げても元に戻る。そうやって区別するのだと、後日教わった。

図1-27. ヤマガラの巣
ヤマネと同じくコケが使われてややこしいが、ヤマネの巣にはシカなどの獣毛が使われないので区別できる。

●日本人によって厄介者にされたネズミ

- タイワンリス（クリハラリス）*Callosciurus erythraeus thaiwanensis*
- マスクラット *Ondatra zibethicus*
- ヌートリア *Myocastor coypus*

比較的最近、人為的に定着した外来種として、タイワンリス、マスクラット、ヌートリアがいる。

　タイワンリスは、１９３０年代に伊豆大島の公園で飼育されていた個体が逃げ出し野生化したもの、といわれている。神奈川県鎌倉市以西で、生息環境に似た常緑樹林などにすみつき、農作物を食害したりしてしばしばマスコミにも取り上げられている。横浜市の野毛山動物園を訪ねた際、道路を横断するために渡った歩道橋とちょうど同じ高さの木にタイワンリスが現れたことがある。九州、特に宮崎県では前述したようにニホンリスが希少なので、外来種とはいえ非常に感激したのだが、周囲の人々は意外に無反応だった。それぐらい定着してしまっているのかもしれない。文献を調べていたら、野毛山動物園では過去にタイワンリスを放し飼いにしていたという記録を見つけた。もしかしたら子孫の可能性もあるかもしれない。現在、宮崎県では未確認だが、隣接している熊本県、大分県、そして長崎県では生息が確認されている。

　マスクラットは北アメリカ原産、ヌートリアは南アメリカ原産で、ともに毛皮のため日本各地で飼育されたものである。特に太平洋戦争中は防寒着の材料として飼育数が増加していたようだ。そこから脱走した、あるいは遺棄されたものが定着してしまったらしい。ネズミ形亜目のマスクラットも、ヤマアラシ形亜目であるヌートリアも、分類と大きさは違うが（体重でくらべるとマスクラット８００gに対し、ヌートリア６～９kgとまったく異なる）、両種ともビーバーのような外見は似ている。さらにどちらも水辺に生息し、周辺の植物や小動物を食べる雑食である。マスクラットは関東、ヌートリアは西日本での分布が報告されている。マスクラットではあまりないようだが、大型で広い範囲にすみついているヌートリアでは、野菜やイネを食害したり、営巣などによって河川の堤防を破損させる可能性が指摘されている。岡山県は、特にヌートリアの情報が多い。岡山県は天然記念物にも指定されている希少な魚、アユモドキ *Parabotia curtus* が生息する水系もあり、水辺の野生動物にとって、他の地域にはない魅力があるのかもしれない。

タイワンリス、マスクラット、ヌートリアはすべて、2005年に施行された「特定外来生物による生態系等に係る被害の防止に関する法律（外来生物法）」によって「特定外来生物」として指定を受け、アライグマやカミツキガメ同様、移動や飼育などが規制（基本禁止）されている。

4 ネズミではないネズミ

ネズミの本なのにネズミではないネズミを取り上げるのも少々的外れなのだが、もはや自分

の好きなものをこじつけで引っ張り出すという筆者の暴走である。

年末年始が近づくと、多くの動物園で新しい年の干支の動物を取り上げる。でも実際に真のネズミを取り上げる動物園はほとんどない。カピバラ、モルモット、ハリネズミ……。おいおい、ヤマアラシの仲間は大きい意味でネズミ（齧歯目）ではあるけれども、ハリネズミはダメだろう、とつい思ってしまう。一番種数が多くて身近な動物であるにもかかわらず、累代飼育[注7]や展示の難しさから敬遠される傾向にあるようだ（第4章のカヤネズミ：ネズミ飼育数ランキングを参照してほしい）。

●ジャコウネズミ（スンクス）

さて、このネズミと名前はつくけれどネズミではないネズミの中で、特に思い入れが強いものを紹介する。それはジャコウネズミ（図1-28）。しきりにヒクヒクと動くとがった鼻、1㎜ほどしかない小さな目、ネズミにくらべてはるかに太い尾。マウスやハムスターとは似ても似つかない姿をしたこのモグラの仲間に私が出会ったのは、大学3年生のときだ。当時、休眠の研究対象として研究室で飼育

図1-28. ジャコウネズミ（*Suncus murinus*）
（口絵 1-17、5ページ）

されていた。ジャコウネズミは東南アジアを中心に、アフリカ東岸からグアム島など温暖な地域に生息している。日本では沖縄をはじめとする南西諸島、鹿児島県、長崎県に分布していたとされる。長崎県と鹿児島県のものは人間によって運ばれすみついた、移入種だと考えられている。

「分布していた」と過去形にしているのは、現在、長崎県と鹿児島県のジャコウネズミは絶滅した可能性が高いと考えられているからだ。戦前はどこでも見られたそうだが、都市化が進むにつれ環境が整備され、ジャコウネズミにとってエサとなる小動物がすむ家畜小屋や畑は減ってしまったことで、すみにくい環境となってしまった。また、もともと熱帯から亜熱帯地域に生息する種であるので、九州は寒すぎたのも一因かもしれない。しかし、長崎県の個体群は名古屋大学（当時）の織田銑一先生が、1970年代に長崎市の茂木で採集した個体を元にNAG系統[注8]として確立し、現在も維持されている（私も動物園で長く飼育していたので、このNAG系統には非常に思い入れがある）。また、沖縄ではもともといた在来のものであるといわれていて、沖縄では「ビーチャー」、奄美大島では「ザーコン」と呼んでいるらしい。沖縄ではジャコウネズミを今でも普通に見ることができる。私が沖縄市内の歩道を夜歩いていると、独特の鳴き声とともに「ヤツ」は姿を現した。そのフォルムは、今まで飼育室でしか見たことのなかったジャコウネズミそのものだった。沖縄の人には当たり前の光景なのだろうが、よそ者の私にとっては衝撃でしかなかった。

話を戻そう。ジャコウネズミはその名のとおり、脇の下あたりに独特のにおいを出す臭腺という器官をもっている。英名も house musk shrew で、musk は麝香（じゃこう）を意味する。モグラの仲間では実験動物化に成功した動物でもあり、齧歯目である本家ネズミと混同しないよう、実験動物業界では学名の *Suncus murinus* から「スンクス」と呼ばれる。研究室ではむしろ、スンクスと呼ばないと通じなかったくらい（ジャコウネズミと書くと長いので以降、スンクスとさせていただく）。スンクスはモグラの仲間であり、エサもタンパク質要求量が高く、一般的なネズミの飼育に用いられる飼料ではなく、養魚用のマスのエサ[注9]を与えることが多い。飼育下ではモグラの仲間はみんな、タール状のやわらかい糞で[注10]、かつタンパク含量が高いエサを食べるので、糞のにおいが強烈である。私は慣れてわからなかったが、研究室でも動物園でも、スンクスの世話をして飼育部屋から出ると、においが残っているとよく指摘されたものである。スンクスの飼育は、飼育の難しいモグラの仲間の中ではとても簡単だ。マウス・ラットを飼育する実験用ケージに、床敷き、シェルターとなって隠れられるもの（空き缶や塩ビ管でよい）を用意する。エサはネズミと異なり3㎜ほどの粒状のため、器に入れて与える。水はネズミと同じ給水瓶でよい。繁殖の際には、筒状のシェルターよりも木製の箱状の巣箱に巣材（割いた紙やワラ）を入れてやった方が成績はよかった。また、マウス・ラットよりやや高めの温度を好み、20℃くらいで出産すると母親が子を食べてしまうことが多くなる。

生殖・交配とキャラバン行動

齧歯目と違ってスンクスには排卵周期というものがなく、交尾刺激によって排卵する。これはウサギやイタチなどと同様だ。スンクスを繁殖させる際はメスのケージの中にオスを入れる、それで終了である。たいていオスがメスを追いかけ、交尾する。交尾が成立すると、オスは必ずといっていいほど陰部を舐める。交尾成立を確認したらオスをメスから分けておくか、私は確認が面倒なので数日～1週間程度、同居させていた。スンクスの妊娠期間はおよそ30日で、交尾後15～18時間で排卵、6日後に着床するとされている。そのため出産時期を容易に推定でき、計画的に繁殖させることが可能だ。生まれた子どもはネズミと同じようなアカンボウだが、生まれたときから吻（鼻先）が尖っていて、いかにもスンクス！という姿だ。そして、成長がおそろしく早い。ネズミにくらべて、あれよあれよという間に毛が生え、大きくなる。わずか3週間ほどで離乳する。さらに生後約5日から離乳までの間、母親が移動する際、母親の尾の付け根をくわえ、その後ろの子どもは前の子どもをくわえ、さらにその後ろの子どもは……と数珠つなぎになって移動する。この行動は「キャラバン行動」と呼ばれ、トガリネズミの仲間で観察されている（図1-29）。かつて動物園でこのキャラバン行動の展示を何度か試みたことがあったが、観察できる期間がごく短いうえに、出産後の親子を展示スペースに移動すると、親が落ち着かず子育てを中断してしまう。出産前のメスを事前に展示スペースに移動しても、やはり子育てを中断してしまうことが多く、なかなかキャラバン行動を来園者に見せることはできなかった。しかし、ごくまれに観察できることもあり、その際の来園者からは好評だった（と思う）。

スンクスはその見た目もさることながら、キャラバン行動以外にもおもしろい生理生態が知られている。

図1-29. ジャコウネズミのキャラバン
（口絵 1-18、5 ページ）

嘔吐

スンクスは薬物や刺激によって容易に嘔吐する。一般的に実験動物ではイヌやネコ、フェレットなどで嘔吐することが知られており、ウサギやマウス・ラットなどは嘔吐しない。スンクスは小型で容易に嘔吐反応を示すことから、抗がん剤の副作用の解析や嘔吐メカニズムの解明などのモデル動物とされている。実はこの嘔吐が厄介で、麻酔などの際でも嘔吐する。嘔吐すると誤嚥し、最悪の場合、気管が塞がり死亡してしまうこともある。たいていの動物で常識なのだが、麻酔の処置前には絶食させておく必要がある。しかし、スンクスはモグラの仲間。基礎代謝が高く腸管も短いので、あまり長く絶食すると死んでしまう。そのため、うまく調整してやらなければならない。

直腸反転

スンクスの糞は前述したように独特だ。そして排泄も独特で、決まったところに糞をする。多くの場合、ケージの隅に逆立ちをするような格好で糞をし、そこには糞が積み上がっていく。掃除をサボると、ケージの形の糞の塊を取り出す羽目になる。そして、この糞をした後によく見られるようなのだが、直腸を反転させて舐めるような行動をとる。一瞬、脱腸してしまったのかと思うのだが、どうやら正常な行動らしく、しばらくすると元に戻っている。この行動の理由は明らかにされていない。

日内休眠

飼育している個体をふと見ると、プルプルと震えるような動きをしているときがある。ヤバい、死ぬんじゃないか、と思っていたらいつの間にかケロッとしている。これは休息時である明期（昼間）に観察されることが多く、平常時より代謝を低下させた状態、「日内休眠」だ。

休眠を発現することでエネルギー支出を抑える、いわゆる「省エネ」状態になっている。日内休眠のスイッチはエサ不足、低温、日長の短縮や、これらの相互作用などが考えられているが、スンクスはどうやらいろいろな条件でこのスイッチがONになるらしい。今後のスンクスの休眠研究が楽しみだ。

普通に飼育して見ているだけでも、これらの現象を目の当たりにする。実に興味深い動物がいたものである。

ジャコウネズミの他に、見た目は似ているが、10gほどしかないジネズミ（図1-30）や、水辺で魚を捕って生活するカワネズミなど、不思議でおもしろい仲間がいる。これらの動物に興味をもち研究することで、解明されていない彼らのおもしろさを発見してくれる人たちが現れることを期待している。

図1-30. ニホンジネズミ
(*Crocidura dsinezumi*)
外観はジャコウネズミに似るが大きさははるかに小さく、カヤネズミほどしかない（口絵1-19、5ページ）。

ネズミの標本

ネズミをはじめ、生き物の調査・研究を行う際、観察や写真だけでは不十分な場合がある。特に分類学においては新種を記載する場合、その種の学名の基準となる標本「タイプ標本」が必要だ。また、標本として残していた生物が後々の研究で用いられたり、絶滅種として貴重な地球上の資料となることもあるだろう。研究者だけでなく、動物園では入手が困難な希少動物を飼育することもあり、動物が死亡したときには病理解剖をして終わり、ではなくサンプルとして残し、今後の研究などに活かすことは重要だ。

哺乳類の標本というと、博物館などでよく見かける「本剥製」を想像するかもしれない。本剥製は展示向きで、ときには美術品としての価値ももつ。中身は木毛（壊れ物の緩衝材として使うもの）や、最近は樹脂でできた「芯」を動物の毛皮で覆ったものも。目は「義眼」というガラスや樹脂でできたニセモノが入っており、まるで生きていたときの姿を留めているような立派な標本である。しかし、ポーズをつけている

COLUMN.

がゆえにスペースをとり、標本をたくさん収蔵することができない。そこで一般的に研究用の標本には、義眼を入れたりポーズをつけたりしない「仮剥製」や、「フラットスキン」が用いられる。

下の写真は、私がよく作製するネズミの仮剥製標本を見本として掲載した。仮剥製といっても製作にはある程度の熟練が必要で、一朝一夕でできるものではないが、「標本」や「博物学」に少しでも興味をもってもらえたらうれしい。

なお動物の標本を作製するにあたっては、例えば日本哺乳類学会が公表している「哺乳類標本の取り扱いに関するガイドライン」など、国内の動物を扱う各学会や関連団体が示す指針を

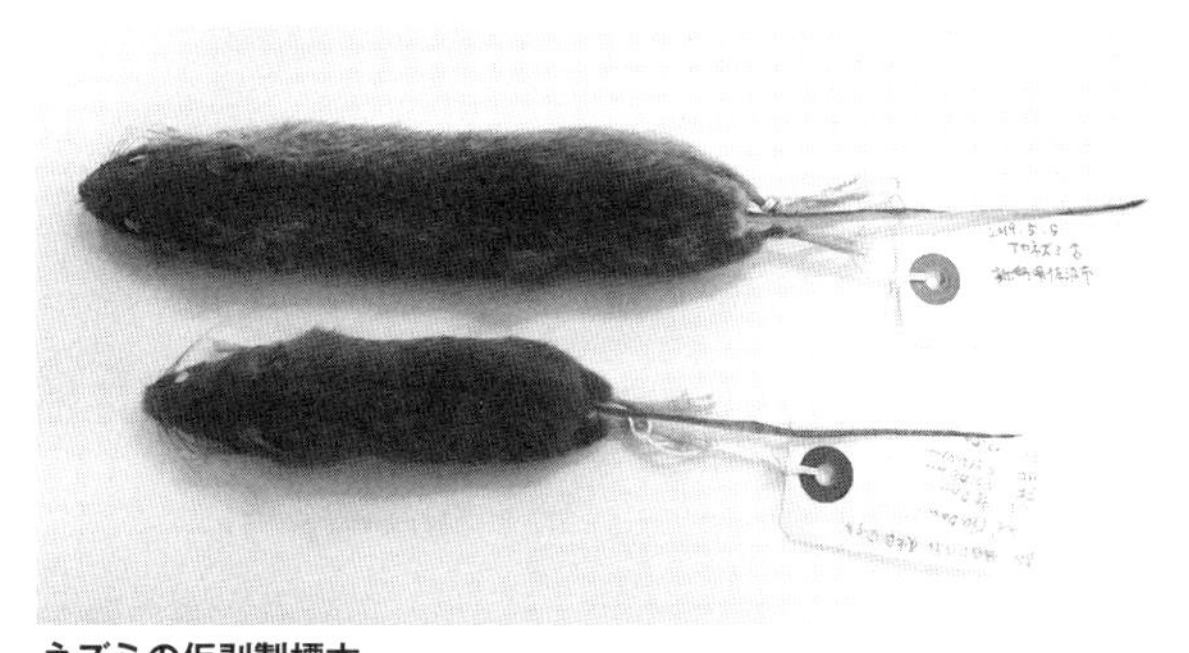

ネズミの仮剥製標本

標本には種名や性別、計測値を記録したラベルをつけておく。

十分に確認し、動物の福祉や自然保護などに細心の配慮をはらわなければならないことは言うまでもない。

また、剥製などの標本についてもっと知りたい読者には、以下の書籍をお勧めする。出版年が古く入手が困難なものもあるが、古書店などで偶然出会えることもある。興味のある方はぜひ探してみてほしい。

・橋本太郎（1959）『動物剥製の手引き』
・本田晋（1976）『小動物の剥製の作り方』
・熊谷さとし ほか（2002）『コウモリ観察ブック』
・大阪市立自然史博物館 編著（2007）『標本の作り方 自然を記録に残そう』

第2章

ネズミのからだ

ネズミは哺乳類の中でも最も繁栄した仲間で、世界中に分布している。そのため、多様な環境に適応するべく、その形態や生理生態も同じネズミとは思えないほどバリエーションに富んでいる。その中でも代表的なところを紹介したい。

1 耳

●ネズミといえば……

「ネズミの顔を思い浮かべてください」というと、多くの人は図2-1のような、自分の頭と同じくらい大きな丸い耳をもった姿を想像するのではないだろうか。実際に世界一有名な某ネズミは、某ランドでもこの丸3つで示されている。でも、こんなに大きな耳をもつネズミはほとんどいない。砂漠にすむトビネズミの仲間には非常に大きな耳をもつものもいるが、少数派といっていいだろう。

図2-1. 一般的なネズミの顔のイメージ

地中にトンネルを掘って生活しているハタネズミは、トンネル移動の際に邪魔にならないよう耳が小さくなっている。同じく地中のトンネル生活者で、アフリカにすむハダカデバネズミにいたっては、1㎜ほどの出っ張りのようなものがあるだけである。逆にアフリカや中東の乾燥地にすむトゲマウスは比較的大きな耳をもっている。これは、体の余分な熱を逃がす（熱放散の）ためだと思われる。

また、耳は種を区別するときに使われることもある。クマネズミとドブネズミはどちらも日本で見られる家ネズミであり、ドブネズミの方がクマネズミより体が大きい。しかし、若い個体だと識別が難しい場合がある。そんなときは耳を見る。耳を前方に倒して目に届くのはクマネズミ、目に届かないのがドブネズミだ。

●ネズミの聴覚

さらにネズミの聴覚は優れていて、コウモリやイルカでもよく知られているが、人間には聴こえない波長の音（超音波）も聴くことができる。人の場合、耳で聴き取れる波長（可聴域）は20～2万Hz（ヘルツ）とされている。ネズミは、人間には聴こえないこれ以上の周波数の音で仲間同士、コミュニケーションをとったりするらしい。この特性を利用してつくられたものが超音波ネズミ防除装置で、我々には聴こえない周波数の大きな音を発生させ、ネズミを近寄らせないようにするというものである。ネズミにとっては、電車が走るガード下の音くらいの騒音になる。しかし、人間でも線路沿いの家に普通に住んでいる人がいるように、ネズミもやがて慣れてしまうみたいだ。また、音波はまっすぐにしか進まないので、障害物の多い場所などでは1つの装置では効果がなく、複数が必要になる。ホームセンターやインターネットショッピングなどでこの手の装置を見かけるが、殺鼠剤や粘着シート、籠罠などがなくならないところからして、まだ発展途中なのだろう。

2 尾

●にょろにょろ長い＝気持ち悪い？

ネズミが苦手だという人に理由を尋ねると、「あの尻尾が気持ち悪いんだよねぇ」という答えが返ってくる。多くのネズミ形亜目の尾はうろこに覆われていて、お世辞にもかわいらしいとはいえないかもしれない。ネズミの尾のうろこは、哺乳類が爬虫類から進化した痕跡だといわれている。さらに尾のうろことうろこの間には毛が生えている。ほとんど体毛のないハダカデバネズミでさえ、ちょこちょこと毛が生えている。まったく異なる動物である鳥類にも、脚がうろこで覆われているという似た特徴があるが、鳥の脚のうろこの間には毛（羽毛）は生えていない。これは進化の過程で、哺乳類の毛は鳥類の羽毛のようにうろこが変化したものではなく、うろことうろこの間に新しく生えたまったく違うものだということを示している。イラストなどでは、よくおしりにミミズをくっつけたような形で描かれているが、実際はちょっと違う。

同じネズミ形亜目にもかかわらずハムスターがかわいいとされるのは、尾が短くてグロテスクではないから、ということらしい。しかし、ハムスターは人間に好かれるために尾を短くしたわけではない。ハムスターやハタネズミなどキヌゲネズミ科のネズミたちは、主に地下にトンネルをつくって生活圏とするものが多い。長い尾ではトンネルの中で引き返すときなどに邪魔になってしまうため、次第に尾が短くなったと考えられている。

●かわいらしい？ スナネズミの尾

一方、ネズミ形亜目の中には長い尾でも気持ち悪くない（？）ものもいる。例えばスナネズミ属 *Meriones* の仲間がそうだ（**図2-2**）。彼らの尾は「フサフサ」とまではいかないが、毛に覆われている。中でもスナネズミ *Meriones unguiculatus* は目が大きくてかわいらしいこともあり、世界中でペットとして飼育されている。しかし日本では、うろこむき出しの尾をもたな

図2-2. スナネズミ（*Meriones unguiculatus*）
（口絵 2-1、5 ページ）

いにもかかわらずハムスターよりも人気がない。小動物を扱っているペットショップで、ハムスターは必ずといっていいほど目にするが、スナネズミはめったにいない。長くて毛が生えているよりは、お肌が見えていても短い方が日本人の好みらしい。まったく、自己チュウな人間だ。

飼育しているスナネズミは、立ち上がる行動をよく見せる。同じような様子はドブネズミなどでも見られる。長いネズミの尾は、立ち上がるときの支えになる。また、横に渡した竹ひごなどの間をハツカネズミが渡るときは、尾を左右に振りながらバランスをとっている。同じような行動は南アメリカで樹上生活をする、動物園の人気者リスザルでも観察できる。河川敷や牧草地などにすんでいるカヤネズミでは、木よりも細いイネ科の草本につかまって移動することも多く、体を安定させられるように尾を草の茎に巻きつけることもできる。

3 目

第1章でも紹介したが、ネズミは「寝住み」とも表すように、多くは夜行性である。そのため、人間にくらべて視力は低いと考えられており、科学的な検証もあまりされてこなかった。近年のマウスやハムスターを用いた研究から、やはりネズミの視力は低く、人の50分の1程度しかないことや、色覚はあるもののほとんど発達していないらしいことが明らかにされている。しかし、昼行性であるリスの場合、プレーリードッグをはじめとするジリスの仲間が群れで見張り役を立てることからも、夜行性のネズミより視力が発達している可能性はある。一方で、地中生活をするハダカデバネズミのように目がかなり小さいものは、視力にはほとんど頼らないため、明暗が区別できる程度である。

クマネズミとドブネズミは耳の大きさで識別できたが、同様に目の大きさでも判断できる。目が大きいのはクマネズミ、小さいのがドブネズミ。耳ほど明瞭ではないが、慣れると体のパーツで区別ができるようになってくる。幼獣の場合でも耳と目の大きさは識別に有効である。

4 鼻

●ネズミの嗅覚

ネズミと同じく、よく害獣（鳥）として扱われるのがカラスである。カラスを含む鳥類は嗅覚が発達していないとされる。その代わりに視覚が発達しているため、カラスにゴミ袋を荒らされたりする被害を防ぐには、においが出ないようにするのではなく、エサが入っているように見えなくする方に効果があるようだ。ある古い書籍に、「ネズミは臭気の強いゴミ捨て場でも平気でエサを漁っているし、何種かの強烈なにおいの忌避剤を試しても効果がなかった。ネズミの嗅覚は発達していないようだ」と書かれていた。

人の鼻には嗅覚受容体が350種類備わっているとされている。一方のネズミは1000種類ともいわれている。ネズミの嗅覚は人よりはるかに優れており、イヌと同レベルくらいらしい。アフリカ原産のアフリカオニネズミが、この能力を利用して地雷撤去に活躍しているのは有名な話である。アフリカオニネズミを訓練し、地雷に用いられている火薬のにおいを探り当てさせるのだ。イヌより小型であり、輸送や飼育コストを抑えることができる。さらにオニネズミは体重が1kgほどしかないため、ネズミが地雷を踏んでも爆発しないという。近年では結核菌に感染した人の唾液のにおいも嗅ぎ分けられることから、医療分野でも活躍している、まさに「ヒーローラット」なのだ。これらのことからも、ネズミの嗅覚は優れているといえるだろう。

　では、なぜゴミ捨て場のにおいに耐えられるのか。おそらく我々人間と好みが違うのだろう。ネズミの苦手なにおいはハッカやミントなどの強いハーブ、ワサビ、樟脳（しょうのう）などの防虫剤、ユリの花のにおい……などだという。どれも我々でも鼻が刺激されそうだが、人によってはいい香りであるかもしれないし、耐えられなくもない。人間にとっては大丈夫でも、ネズミにとっては異臭かもしれない。死臭だって、屍肉を喰らうハイエナにとってはいい香りでも、我々にとっては異臭でしかない。おそらくゴミ捨て場は、ネズミにとっていい香りで、効果のなかった忌避剤はネズミにとっては何ともなかったのだろう。カラスと異なり、ネズミの場合はくさい場所でも平気＝嗅覚が発達していない、とは違うようだ。

　また、においには慣れもある。動物園のネズミ飼育部屋には、何種類かのネズミが数百頭飼育されているので、たとえ換気扇を回していても強烈なネズミ臭がする（らしい）。らしい、と書いたのは、私や同じ作業をする飼育員はそうは思わないのだ。ところが、私が家に帰ると妻は「なんか、くさい。ケモノ臭がする」と、すぐ風呂に入るよう命じるのだ。どうやらネズミ部屋のにおいに私は慣れてしまっているようだ。ネズミもゴミ捨て場にすんでいると、「ここはこんなもんだ」と納得してしまっているのかもしれない。

●におい情報でコミュニケーション

あるとき、「ハムスターを飼育しているとネズミが寄りつかない」との情報を耳にした。その理由は、ハムスターのにおいをネズミが嗅ぐと、そこはハムスターのなわばりと思い寄りつかないのだという。しかし、私はこれに疑問を覚えた。確かにネズミはなわばりをもつが、他種、しかも行動圏を交えない個体がわざわざ回避する行動をとるだろうか。それに、ハムスターを飼育するだけでネズミが寄りつかないなら、ネズミ駆除業者は成り立たなくなってしまうし、我々も天井裏のネズミと戦うことは考えられない。こんなことを自慢げに書きたくはないが、ネズミ飼育部屋に何度か野生クマネズミの襲来を受けたことがある。木造小屋の壁1㎝ほどの隙間を齧って、100頭以上ネズミを飼育していた部屋にまんまと侵入したのだ。さらに飼育ケージから飼料を抜き取り、部屋の一角に大量に集めていた。ネズミが寄りつかないならば、こんなことは起こらなかったはずだ。

ハダカデバネズミは同じ群れの仲間のにおい情報を共有するため、排泄場所に体をこすりつけるという。視力の低いネズミにとって、個体それぞれのにおいを識別することは、音とともに大事なコミュニケーションツールの1つになる。また、天敵やエサの存在なども把握でき、においは外部情報を獲得する重要なものなのだ。

5 毛

●長いヒゲは高感度センサー

ネズミの長いヒゲも体毛の1つだが、視力の弱いネズミにとって、ヒゲは重要な役割を果たしている。ヒゲが周囲の物に触れると、センサーのようにはたらき、それを認識することで障害物を回避できるようになっている。地中生活者で視覚に頼らないハダカデバネズミの場合、体の各所に感覚毛というヒゲのような毛が生えており、これらをセンサーのように使って触覚による空間認識をしているらしい。

●全身トゲトゲの彼ら

トゲをもつネズミといえば、ハリネズミを思い浮かべるかもしれない。この「トゲ（針）」

図2-3. アフリカタテガミヤマアラシ
(*Hystrix cristata*)
毛を逆立てて威嚇モード（口絵 2-2、5 ページ）。

は毛が針状に変化したもの。しかしながら、第1章で述べたようにハリネズミはモグラの親戚で齧歯目ではない。齧歯目でトゲトゲはヤマアラシだ。全身トゲで覆われたヤマアラシは動物園でも人気が高く、各所で飼育されている。ヤマアラシの毛の先端は鋭く尖っており、天敵が近づくとまず後ろ向きに毛を逆立てて、シャーシャーと音を鳴らす。それでも近づいてくる場合、勢いよくバックして、敵にその鋭いトゲをお見舞いするのだ（**図2-3**）。ヤマアラシのトゲは刺さりやすくて抜けやすい。刺された相手が命を落としてしまっても不思議ではない。

来園者に人気のヤマアラシは、動物園の飼育員にとっては「厄介者」になるときもある。あるとき、治療のためヤマアラシに薬を注射することになった。獣医師も、普通に注射を打てるはずがないことをわかっているので、棒に注射器をつけて試みることにした。厚さ1㎝以上の硬い合板で囲い込み、少しずつ動きを制限し、いざ注射！　そのとき、シャーッという音とともに囲いの板の上をトゲが舞った。危なく飛んだトゲが刺さるところだった。ヤマアラシのトゲが抜けやすいことは知っていたが、こんなに勢いよく弾け飛ぶほどの威力があるとは……と驚かされたとともに、もう二度とヤマアラシの治療に立ち会いたくないと思ったのだった。

●真のネズミのトゲ

ヤマアラシやハリネズミはよく知られているのに対し、真のネズミでトゲをもつネズミはあまり知られていない。沖縄・奄美大島・徳之島にすむトゲネズミ（*Tokudaia* 属）と、アフリカから中東にかけてすむトゲマウス（*Acomys* 属）である。どちらも針状の毛が生えているが、ヤマアラシやハリネズミのような太さや長さはなく、身を守るためのものではないと考えられている。トゲマウスの毛は細く、長さもせいぜい1㎝くらいで、逆撫でると毛がトゲ状なのがわかる程度だ。彼らの生息地は日中、気温が50℃に達する場合もある。また、飼育実験下で環境温度を10℃以下にすると、低体温で死亡する個体が散見された。以上のことから、どうやらトゲマウスは体から熱を逃さないというよりも、余分な熱を体外へ逃しやすい構造になっていて、トゲ状の毛は熱放散をしやすくするためではないかと考えている。一方、トゲネズミの場合、トゲ状の毛が普通の毛に混じって生えている（**図2-4**）。トゲマウスよりは太さがあるが、体のサイズの違いによるものだと思う。トゲネズミの体毛がト

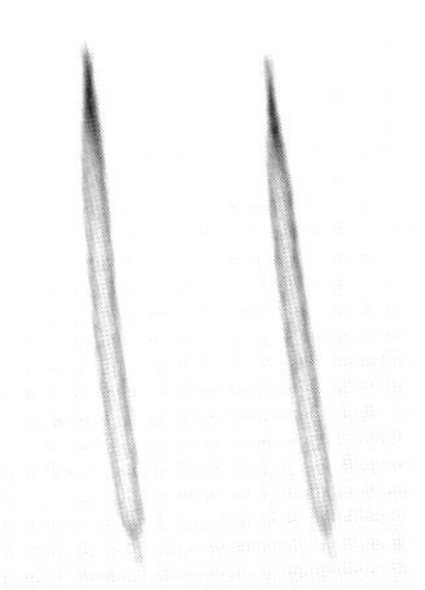

図2-4. トゲネズミ（*Tokudaia*）の体毛

ゲマウスのように熱放散に貢献しているとも考えにくい。天敵のハブに飲まれにくくするためとも考えたが、ヘビはたいてい獲物を頭から飲み込むため、それも違う。果たして、このネズミたちのトゲの意味は何だろうか、誰か調べてみてほしい。

●伝統工芸とネズミの毛

ネズミの毛は、日本の伝統工芸とも切り離せない関係にあるようだ。蒔絵（まきえ）[注11]の筆には、一般的にネコの毛を用いたものが使われているが、最上級のものは本根朱筆（ほんねじふで）といい、ネズミの毛でできている。数十頭のネズミの最上の毛でできており、幻の筆とされている。このネズミは「毛の長い琵琶湖産のクマネズミ（ドブネズミという説もあり）」がよいとされ、琵琶湖周辺のアシ原で捕獲されていた。しかし近年、河川工事や他種との競合によりこのネズミが集まらず、まさに「幻」になりつつあるらしい。世界中がクマネズミやドブネズミの被害にあっている一方で、伝統工芸に欠かせない存在とは、何とも皮肉な話ではないか。

6 舌

ネズミは味覚も敏感である。毒餌に混ぜられたわずかな毒成分さえも感じ取ることができる。ネズミの好きな味は甘味・塩味で、苦手なものは苦味・酸味らしい。ネズミ退治用の毒餌として、多くのメーカーから様々な製品が市販されているが、ほとんどはネズミに見破られてしまう。ネズミは味覚だけでなく、味に対する警戒心も強い。初めて見る食べ物に対しては、たとえ空腹であっても口をつけることはない。代々飼育下に置かれていたネズミと、野生から採集してきたネズミを飼育するとよくわかる。アマミトゲネズミのときが一番苦労した。飼育下で繁殖したトゲネズミはすぐに人工飼料を食べるが、野生から導入したトゲネズミは餌付くのに1～2カ月くらいかかった。野生トゲネズミの導入の際には、現地でよく食べているシイの実が餌付けに必須だ。

7 足

● ネズミ界の木登り上手は？

木の上で生活するネズミは木に登りやすいよう、地上のものより指が長く、またバランスをとりやすいよう、尾も長い種類が多い。これは、地上棲のアカネズミと半樹上棲のヒメネズミで比較するとわかりやすい。また、「森の忍者」と称されるヤマネは四肢がハの字に開いており、木や木の枝につかまりやすい構造をしている。しかし、木の上を生活圏としているネズミたち以上に立体的活動が得意なのは、断トツでクマネズミだ。クマネズミは足の裏にタコのように発達した突起があり、これを使って垂直な壁や排水管など、様々なものを登ることができる。ドブネズミやハツカネズミが侵入できない天井裏などに「クマネズミ圏」を築いているのだ。天井裏や梁の上でネズミの鳴き声や走る音が聞こえたら、山の中の家屋でない限り、ほぼクマネズミである。ただし最近は、天井裏にアライグマやハクビシンが侵入することもある。あまりにもバタバタと大きな音がするときは彼らかもしれない。

●クマネズミの脱出・侵入を阻止せよ

　私はネズミの飼育小屋や部屋を準備した最後の仕上げとして、クマネズミを放してみることもある。クマネズミが脱出できない小屋は、どのネズミでもだいたい脱出不可能だ。また、それは逆に外部からのクマネズミの侵入も防げるということだ。しかし、これは完璧、という施設でも彼らは姿を消す。クマネズミが身を隠すスペースがあるということは、他のネズミでも行方不明になる可能性が高いので、そこを修正する必要がある。トゲネズミの飼育部屋をつくったときにも何回かチェックして、隠れる可能性のありそうな箇所はすべて指を突っ込んで確かめたにもかかわらず、クマネズミはすぐに見当たらなくなってしまった。20分ほど必死に探したところ、棚と壁の間に1㎝ほどの隙間があり、さすがにそこには入れないだろうと思っていたら、なんとその隙間に縦になって隠れていた。さらにその後、捕まえようと追いかけたら、ドアのフレームを固定していた角材の2㎝ほどの凸部をつかみ、スルスルと壁を登っていった。結局クマネズミはその後、無事捕獲・回収した。クマネズミが身を隠していた部分を修正したので、脱出不可能なことを実証した……はずだった。

　しかし、小屋を使用してわずか1週間後、天井裏でカリカリと音がする。ネズミが梁を齧っている音だ。いったいどこから？　小屋がフレームだけのとき、屋根や壁の隙間はすべて金網やセメントで塞いだはずだ。全面を舐めるように見渡すと、屋根と壁の境目が1カ所、黒く汚れているのを見つけた。いわゆるラットサイン（図2-5）というやつで、ここを頻繁にネズミが通ることで黒くなってしまったものだ。壁と屋根の隙間の詰め物が甘かったらしい。しかし、壁はツルツルした石膏ボード製、地面から2m以上ある。ここを登っていったのか？ 半信半疑でラットサインのあった壁に粘着ネズミ捕りシートを貼り付けてみた。本来、粘着シートは床に置いて使うものだが、本当にここからクマネズミが出入りするのなら、何かしら形跡は残るだろう。

翌日、結果はすぐに出た。なんと、粘着液まみれのクマネズミが地面で死んでいたのだ。粘着シートには貼り付いた跡。このとき思った。クマネズミの侵入を防ぐなら徹底的に隙間をなくす。これしかない、と。

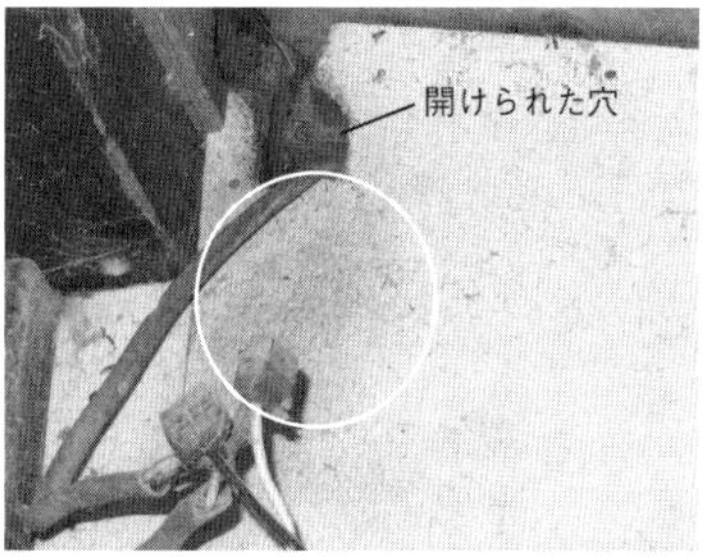

図2-5. クマネズミによって穴を開けられた壁

薄汚れた部分（○）がラットサイン（写真は本文とは別事例）。

8 歯

●食べ物が違えば歯も違う

ネズミ形亜目はネズミ科とキヌゲネズミ科に分けられるが、これは食性の違いによるもので、食べるものの違いは歯の形状の違いから見てとれる。門歯（切歯）については第1章でも述べたが、大きな違いはない。ところが臼歯では、ネズミ科とキヌゲネズミ科ではっきりと異なっている（図2-6）。

臼歯には前（小）臼歯と後（大）臼歯があるが、ネズミ科、キヌゲネズミ科ともに前臼歯はなく、後臼歯のみである。ネズミ科の後臼歯は我々人間と同じような形で、歯根がある。一方のキヌゲネズミ科はというと、扇を積み重ねていったような形で、咬み合わせは平らになっている。これはネズミ科が種子や昆虫を主食としているのに対し、キヌゲネズミ科の主食は植物の葉や茎であるため、それ

図2-6. 臼歯の違い
左：アカネズミ（ネズミ科）　右：ハタネズミ（キヌゲネズミ科）

ぞれの歯は食性にあわせて変化していったものと考えられている。また、キヌゲネズミ科の後臼歯は2タイプあり、エゾヤチネズミ、ムクゲネズミ、ミカドネズミは成長に伴って歯根ができるが、ヤチネズミ、スミスネズミ、ハタネズミは生涯歯根をもたない。これはエゾヤチネズミが昆虫などの動物質のエサも比較的食べているからだろう。

リス形亜目、ヤマアラシ形亜目などは、ネズミ形亜目にはない前臼歯が生えている。南アメリカにすむデグーは、一見するとスナネズミに似ているが、実はヤマアラシ形亜目に分けられるモルモットやカピバラの親戚だ（**図2-7**）。例えば上顎の歯半分で見てみると、後臼歯3本の前に前臼歯1本が生えている。外見ではわかりにくいネズミの分類も、パーツごとに比較するとはっきりしている。

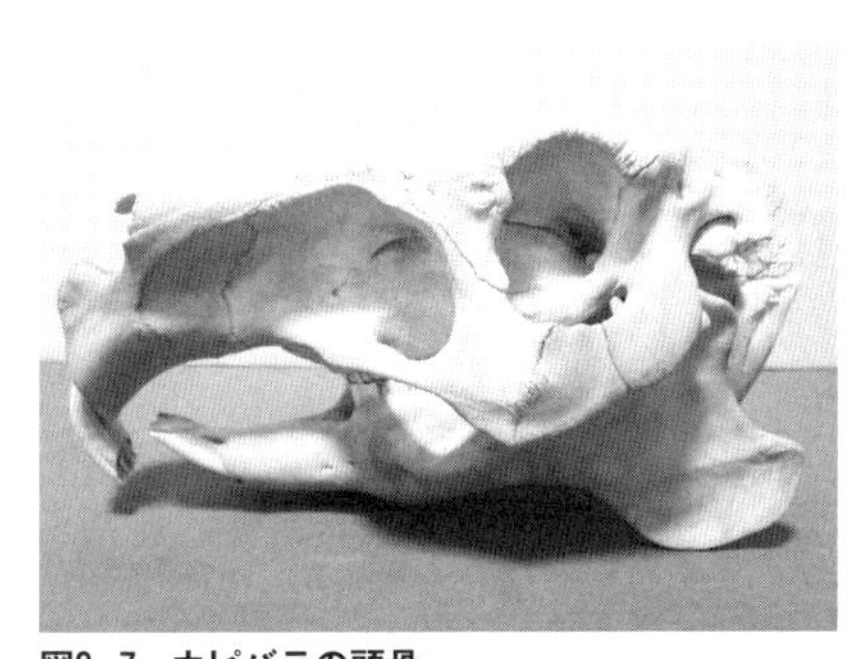

図2-7. カピバラの頭骨

●ネズミの歯で算数？

ネズミだけでなく、すべての哺乳類の歯の生え方は動物によって異なる。そして、この歯の生え方をわかりやすく示しているのが歯式だ。歯は左右対称に生えているので半分の本数で示す。歯の種類は門歯（切歯）：i、犬歯：c、前（小）臼歯：p、後（大）臼歯：mの記号、上顎／下顎で表す。例えばコウベモグラの歯式はi3／2、c1／1、p4／4、m3／3＝42。これは上顎の門歯が3本、犬歯1本、前臼歯4本、後臼歯3本、下顎の門歯2本、犬歯1本、前臼歯4本、後臼歯3本という意味だ。これが左右にそれぞれなので、（3＋1＋4＋3）×2＋（2＋1＋4＋3）×2＝42（すべての歯の本数）となる。

ネズミ形亜目の場合、犬歯、前臼歯はもたず、門歯、後臼歯は上下各1本と3本なのでi1／1、c0／0、p0／0、m3／3＝16となる。同じ齧歯目のリス形亜目ニホンリスの場合、i1／1、c0／0、p2／1、m3／3＝22、ヤマアラシ形亜目のヌートリアの場合、i1／1、c0／0、p1／1、m3／3＝20となり、歯で見ると分類もわかりやすくなる。ちなみに齧歯目から仲間外れにされたウサギの歯式は、i2／1、c0／0、p3／2、m3／3＝28で、上顎門歯のうち1本は、第1章で紹介したくさび状門歯である。

9 消化管

●食べ物が変わると消化管も変わる

ウシやヤギなどは4つに分かれた胃（複胃）をもっていて、特に最初の胃（第一胃／ルーメンともいう）は最も大きい。胃内に共生する微生物の力を借りて、ウシ自身では分解できない繊維を分解する発酵タンクとしてのはたらきをもち、栄養としてウシの体に取り込むことができる。このような動物を反芻（はんすう）動物という。一方、ネズミは人やイヌなどと同じ単胃動物で、その名のとおり胃は1つだけである。ネズミの多くは雑食性だが、ハタネズミのように植物の葉や茎を主食としている植物食のネズミも存在する。植物食のハタネズミの消化管の形は、雑食のドブネズミなどとは少し違う。胃の形態を比較してみると、中央がくびれた落花生のような形をしている。前半分（食道から続く側）を前胃、後ろ半分（小腸へ続く側）を幽門胃といい、消化液を分泌する消化腺は幽門胃にのみ存在している。前胃には微生物が存在していることが報告されてはいるものの、反芻動物のような第一胃とははたらきが異なるとされており、詳しくはわかっていない。

では、どこで繊維を栄養に変えているのか。人の盲腸は痕跡程度しかなく、虫垂炎を起こす厄介なものだと思われがちだが、複胃をもたない草食動物にとってはなくてはならないものである。これはウマやゾウなども同じで、発達した盲腸内に微生物を共生させ、難消化物質である繊維を吸収できる形にする。ただし、盲腸は後方にあるので複胃よりも栄養吸収率は低くなる。ハタネズミも雑食のネズミに比較して大きな盲腸をもっている。ヤマアラシ形亜目の多くも草などを主食としているため、やはり盲腸は発達している。モルモットなどは腹腔内の大部分を盲腸が占めており、繊維消化能力はウサギより優れている（図2-8）。

意外に知られていないことだが、ネズミ界の人気者ハムスターはキヌゲネズミ科のハタネズミの近縁種である。ご存知ゴールデンハムスターも例外ではなく、大きな前胃をもっている。中国にすむトリトンハムスター *Tscherskia triton* は、ゴールデンハムスターと同じくらいの大きさで、一見するとネズミのような外観のため Rat-like hamster と呼ばれる。トリトンハムスター

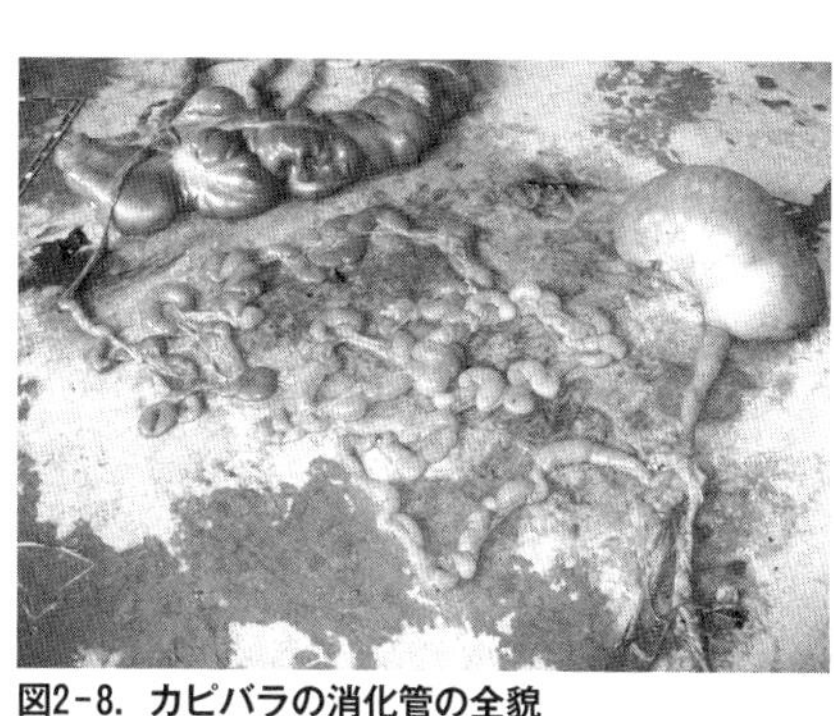

図2-8. カピバラの消化管の全貌
繊維消化のため微生物を共生する盲腸（左上）の大きさに注目してほしい（死亡時の病理解剖の際に撮影）。胃（右上）よりもはるかに大きい。

はゴールデンハムスターよりもさらに発達した前胃をもち（図2-9）、この発達した前胃が何らかの機能を有している可能性は高い。

●ハムスター＝ヒマワリの種は間違い？

さて、ハムスターの消化管はハタネズミと似た構造をもつことからも、ハタネズミ同様の高い繊維利用能力をもっている。ハムスターは中東の乾燥地や極東など、厳しい環境にすんでいるものが多く、少ないエサ資源を効率よく活用できるようになっている。ハムスターが主役のアニメ番組の主題歌に、「大好きなのはヒマワリの種」という歌詞がある。ヒマワリの種は古くから大型インコなどのエサとして用いられていることもあり、30～40年前の飼育の手引書にはハムスターやリスの主食にあたるエサとして、必ずといっていいほど書かれていた。しかし、ヒマワリの種の脂質含有量は高く、チーズの2倍ともいわれている。前述のように、野生のハムスターは粗食である。また、動物は本能的に糖や脂肪の多いもの＝カロリーの高いものを選んで食べる。アニメにケチをつけるわけではないが、よく食べるもの＝好きなものという解釈は間違っ

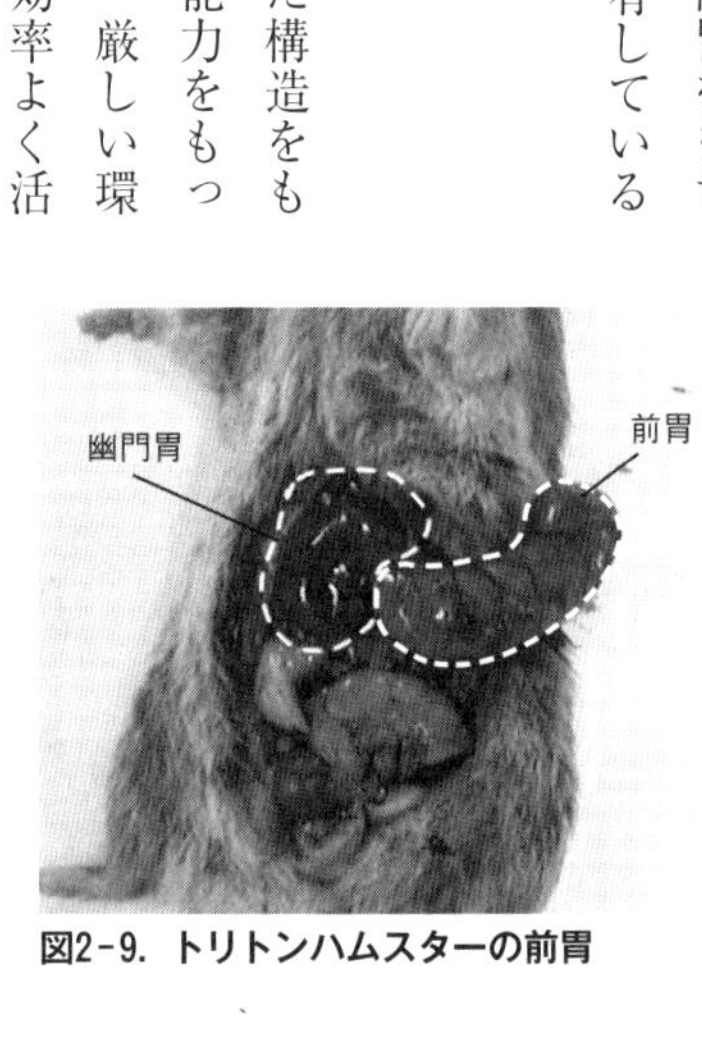

図2-9. トリトンハムスターの前胃

ているると思う。現在は飼育技術の向上や専用飼料の開発によって、ヒマワリの種を以前のように大量に与えることはなくなった。それに伴い、ハムスターも健康的に飼育されるようになってきているのではないだろうか。

10 繁殖

●発情周期と雌雄判別

発情とは動物が交尾可能な生理状態にあり、交尾を求める行動を起こしている時期のことだ。一般的にメスはそのサイクルの中で排卵が行われる。ウシやマウス・ラットなどのように家畜化された動物は、年中一定の間隔で繁殖活動が繰り返されるため、周年繁殖動物と呼ばれる。ウシの場合は21日前後、マウス・ラットでは4日で発情サイクルが回り続けている。そして発情周期1サイクルにつき1回、排卵が起こる。つまりマウスやラットの場合、4日に1回排卵し、交尾・妊娠に至る機会がある。しかもネズミは1晩に数十回の交尾行動を繰り返すので、交尾するとほぼ妊娠している。一方、ウマやヤギなどは年中繁殖活動せず、ある季節にだけ繁殖活動を行い、これを季節繁殖という。ドブネズミやクマネズミなどの家ネズミ以外の野ネズミのほとんどは季節繁殖で、子育てしやすくエサ資源の豊富な春から秋にかけて繁殖活動が見られる。また、同じ種でも地域によって繁殖期が異なることもある。例えばアカネズミの場合、北海道・本州高地では春から秋、本州低地では春と秋、九州低地では秋から春にかけて繁殖するとされている。しかし、年中温暖でエサを潤沢に与えられる飼育下では、これらの季節性は弱くなり、周年繁殖のようなサイクルを見せるようになることから、それぞれの外部環境などが繁殖期を変化させる要因であると考えられている。

アマミトゲネズミの場合、繁殖期は10から12月ごろとされていて、天敵であるハブの活動が鈍くなること、主食となるシイの実が豊富に得られることなどのためと考えられている。さらに、発情周期についてもおもしろい発見があった。頻繁に交尾行動を確認していた時期に、交尾行動の有無を毎日チェックしてみると、アマミトゲネズミは一般的なドブネズミやハツカネズミより発情周期は少し長めであることがわかった。

トゲネズミやアカネズミなど、季節繁殖の野ネズミたちは非繁殖期には生殖器に変化がみられる。オスの精巣は退縮し、米粒ほどに小さくなる。また、メスは膣が閉じてしまう。非繁殖期のトゲネズミはこの変化が顕著で、雌雄の判別すら非常に難しい。オスの精巣は完全にわからないほど小さくなり、メスの膣はまるで皮膚が縫い合わされたように不明瞭になる。過去に若いトゲネズミが捕獲された際、オスと判別された個体が後日、メスだとわかったことがあった。それほど非繁殖期のトゲネズミの雌雄判別は難しい。飼育下繁殖に近年成功したばかりのアマミトゲネズミは、温暖で潤沢なエサ条件でも精巣退縮や膣が閉じるなどの変化が見られていたが、飼育下繁殖世代になると次第に年中繁殖期の状態を保ち、真夏でも繁殖行動が観察されるようになった。

●ネズミ算

「ネズミ算」といわれるくらい、ネズミは一度にたくさん、かつ何度も生まれるものだと思われている。実際に、実験動物であるマウスやラットでは、約20日間の妊娠→出産→すぐ交尾→妊娠……と、1カ月弱のサイクルで一度に多ければ10頭くらいの子を産み、どんどん殖える。野外で捕獲し飼育したクマネズミも約1カ月サイクルで繁殖し、1腹産子数（1回の出産で生まれる子の頭数）は5～10頭と、あっという間に恐ろしい数になってしまった。一方、日本の野ネズミ代表であるアカネズミやヒメネズミの野外観察によると、年1産あるいは年2産だとされている。ところが、これらの野ネズミを年中温暖・潤沢なエサの用意されている飼育下に置くと、年2産以上のケースも報告されており、環境温度や栄養条件によって左右される可能性が高い。

リスやヤマアラシの仲間は、ネズミほど「ネズミ算」ではない。リスの仲間は飼育下にあっても繁殖季節が限定される場合が多い。これは、リスがネズミより環境変化への柔軟性に欠けていることを示すものかもしれない。そしてヤマアラシ形亜目は、1腹産子数が1~5頭（例外もあるが）と、ネズミ形亜目より少なめである。この理由には寿命や後述する繁殖形態の違いもあると思われる。

●晩成性と早成性

ほとんどのネズミ・リスの仲間とヤマアラシの仲間では、生まれた子どもの発達状態が違っている。ネズミやリスは毛が生えておらず、目も開いていない、いわゆる「アカンボウ」の状態で生まれてくる（図2-10、11）。もちろん歩くことはできず、人と同じで

図2-10. アカネズミの子ども
生後5日ほど（口絵2-3、6ページ）。

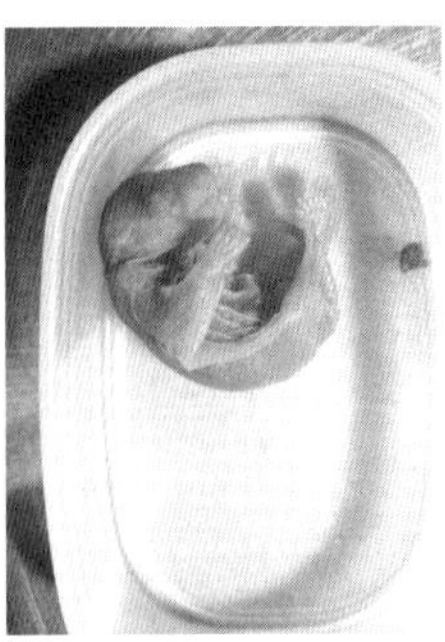

図2-11. 生まれたばかりのニホンモモンガの子ども
アカンボウでもちゃんと飛膜が備わっている。

「這って移動する」といっていい状態だ（人の場合、数カ月は起き上がれもしないが）。そのため親の保護が必要であり、哺乳によってだいたい1カ月前後で大人と同じ姿に成長する。

一方のヤマアラシの仲間は、生まれたときから毛が生えており、目も開いている（図2-12）。さらにすぐに歩いて移動もできる。この生まれたときの状態の違いから、ネズミやリスのパターンを晩成性、ヤマアラシのパターンを早成性という。晩成性は、他に哺乳類ではイヌやネコなど食肉目、鳥類ではスズメやカラスなどが挙げられ、早成性ではウマやウシなどの草食動物、クジラやイルカ（クジラやイルカには毛は生えないが）、鳥類ではニワトリやダチョウなどが挙げられる。

図2-12. 産み落とされたばかりのカピバラ

まだ濡れているが、子どもはまさに親のミニチュア。間もなく立ち上がる（口絵2-4、6ページ）。

一般的に早成性の動物は巣をもたないものが多く、母親がいるところで産み落とされる。鳥類でも早成性の場合、巣は卵を温めるためのものであり、卵からかえるとやがて巣から移動していく。また、哺乳類では晩成性のマウス・ラットの妊娠期間は約20日だが、早成性であるモルモットは60日前後、カピバラだと約150日と、生育状態が進んで生まれる分、妊娠期間が長い。

ただ、ネズミには例外もいる。トゲマウスだ。生まれた子どもはすでに毛が生えていて目も開いており、歩くこともできる。しかし、カピバラやモルモットにくらべると早成性とはいえ、ちょっと頼りない。耳だけは体の大きさに対して比率が大きく、まるで宇宙人としてマンガか何かに出てきそうだ（図2-13）。トゲマウスも早成性であるためか、巣をつくらない。妊娠期間も約40日と、普通のネズミの倍くらいあり、一度に1～5頭産む。出産前の母親の腹はまさに爆発寸前の状態で、歩くのも大変そうだ。

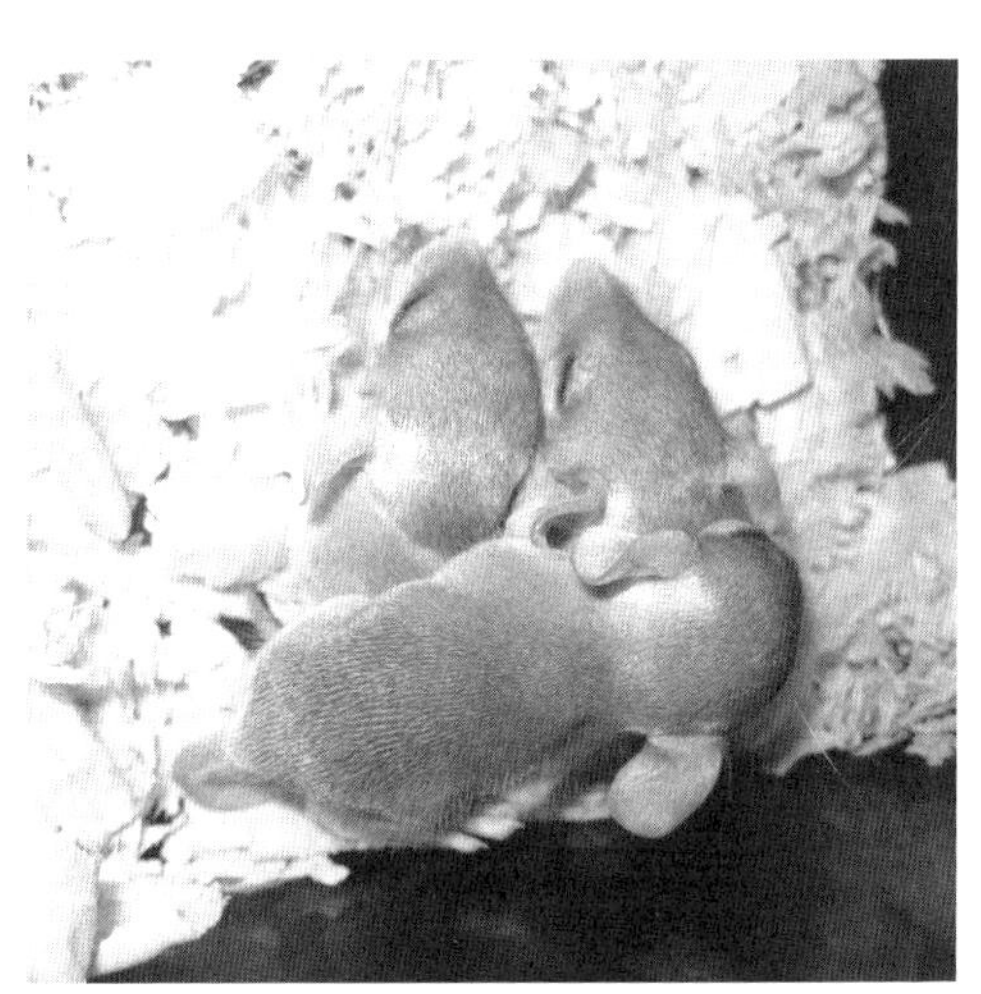

図2-13. トゲマウスのアカンボウ

オッパイにも式がある

歯の数を歯式で表したように、乳も乳頭式という式で表すことができる。これは乳首のある部位の片側（半分）の数で表したもので、胸部（肋骨のある部分）＋腹部＋鼠径部（後肢の付け根から肛門まで）＝総数となる。

例えばアカネズミの場合は2＋0＋2＝8で、多産のクマネズミだと2＋0＋3＝10である。中にはムササビのように1＋1＋1＝6と1＋2＋0＝6の場合である種もいる。乳頭の配置が異なっても、総数は同じであることがほとんどである。しかし、同じ種でなぜ乳頭の位置が違うことがあるのだろうか。実際のところ、よくわからない。

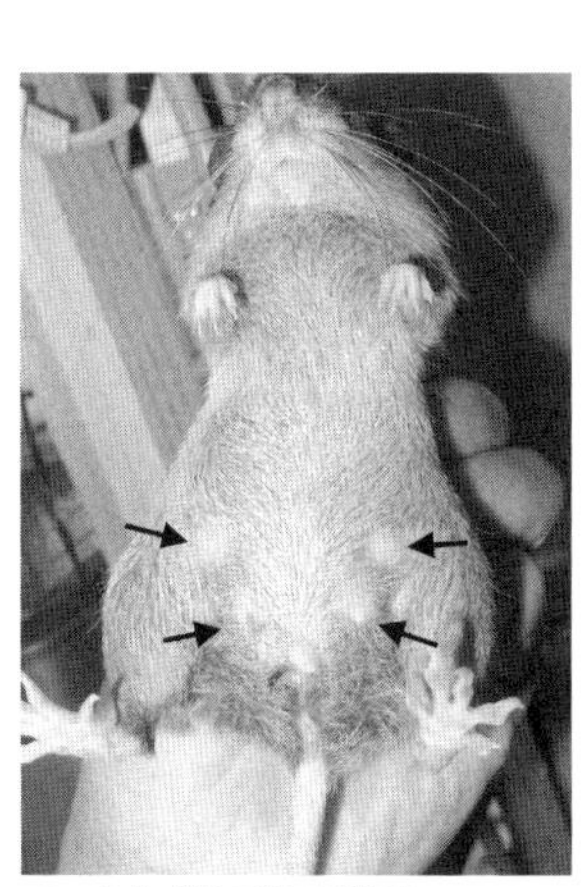

アマミトゲネズミの乳頭
授乳期間中のため肥大している（矢印）。
アマミトゲネズミは0＋0＋2＝4。

COLUMN.

第3章

身のまわりのネズミ

1 ペットとしてのネズミ

●マウスとラットのルーツ

ホームセンターやペットショップに行けば、ハムスターやスナネズミ、デグー（図3-1）などといった様々なネズミたちを見ることができる。人間はいつからネズミを愛玩動物として飼育するようになったのだろうか。日本では古くから愛玩用ネズミを飼育していた記録がある。実験動物としてよく知られている「マウス」は、野生ハツカネズミ *Mus musculus* を家畜化したものだが、日本人はたいていこのマウスを「ハツカネズミ」と呼ぶ。決して間違っていないが、ハツカネズミは代表的なＩＣＲ系統マウスのように、すべて白い体毛に赤い目をしている（アルビノ[注12]）ものだと認識してはいないだろうか。ハツカネズミ（マウ

図3-1. デグー（*Octodon degus*）
真のネズミのようだが、ヤマアラシやモルモットの仲間（口絵 3-1、6 ページ）。

ス）は日本人を含む人と切っても切れない関係にある。さて、日本における「ハツカネズミ＝マウス」のイメージはいつごろ生まれたのだろう。

中国では紀元前から愛玩用のネズミ（マウス）を飼育していた記録があるらしい。日本には隠元禅師（いんげんぜんじ）という僧が１６５４年に渡来した際、白い体毛に黒い目のネズミをもたらしたのが最初だと文献に残っている。この隠元禅師、名前にあるように、インゲン豆を日本にもたらした人物でもある。隠元禅師が日本の愛玩ネズミをもたらしたかどうかは定かではないが、中国から愛玩用マウスがもたらされたということは通説となっている。かつては愛玩用マウスを「南京ネズミ」と呼ぶこともあった。日本の愛玩ネズミは中国からもたらされたという前述の背景を裏付けているのかもしれない。

一方、ハツカネズミ（マウス）ほど知られていないが、日本には「ダイコクネズミ」と呼ばれるネズミもいる。ダイコクネズミはラットのことで、ドブネズミを家畜化したものである。ラットのルーツはマウスと異なり、当初は愛玩用としてではなかった。囲いの中に放ったドブネズミをイヌが咬み殺すまでの時間を賭けるrat-baitingというゲームが、17世紀のイギリスやフランスで流行していた。一度に１００頭くらいのネズミを殺してしまうため、大量のネズミを捕獲しなければならなかった。そのうち、容易にネズミを確保するための手段として飼育・繁殖が頻繁に行われるようになり、やがて毛色などの変異をもつものが生じるように。その変異個体を愛玩用にしていったものがラットの起源とされる。

日本の愛玩用ネズミ飼育が一般的となったのは江戸時代で、当時『養鼠玉のかけはし（１７７５年）』と『珍翫鼠育草（１７８７年）』などの飼育書が出版されていたことからも、愛玩ネズミの飼育が一般大衆にも普及していたことがうかがえる（**図3-2**）。これらの書物は、日本におけるミュータント（突然変異）マウス・ラットのルーツをたどる貴重な資料としてよく取り上げられ、研究されている。同じネズミ飼育本ではあるが一説には『養鼠玉のかけはし』はラット、『珍翫鼠育草』はマウスについて書かれているのではないかと考えられている。

●消えた外国のネズミ

近年のペットブームもあり、ネズミも例にもれず、海外から様々な種が愛玩用として輸入・販売されていた。世界中の様々なネズミが日本で一番見られたのは、おそらく２００４年くらいだったのではないだろうか。２００５年以降、海外からの齧歯目の輸入

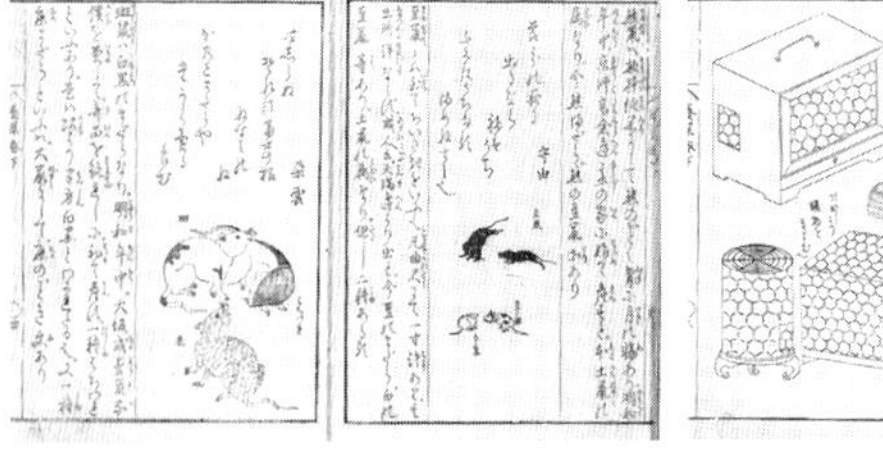
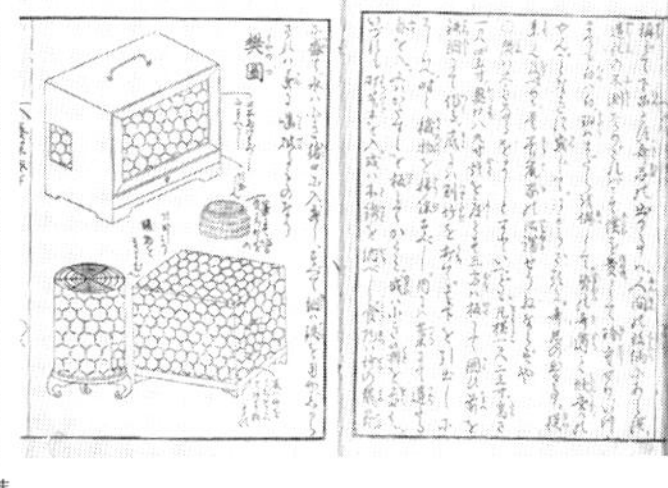

図3-2. 江戸時代のネズミ飼育書『養鼠玉のかけはし』
国立国会図書館デジタルコレクション（dl.ndl.go.jp）より。

について大幅な規制がかけられることとなった。これは動物由来の感染症を防ぐための措置で、厚生労働省の認可を受けた施設で飼育された個体でなければ持ち込むことはできない。野生捕獲個体の生体はもちろん、サンプルとしての死体さえダメなのだ。過去には研究のために、各国から捕獲されたネズミたちがたくさん連れてこられていたが、それらはほぼ不可能になったといっていいだろう。病原体を保有している可能性のある動物を、愛玩目的で海外からむやみに持ち込むことはもちろん好ましくなく、当然の措置だ。防疫のため仕方ないことだが、動物園や研究機関には大打撃だっただろう。

現在は輸出国の政府が指定した飼養保管施設で、出生以来その施設で保管されていたことなどの条件が満たされない限り、日本国内に齧歯目を持ち込むことはできない。ネズミの仲間において、飼育下で容易に繁殖が継続できる種は意外に多くない。この輸入制度改正時期を境に、日本で飼育されている外国産ネズミは急激に見られなくなっていった。もちろん動物園も例外ではなくだ。

2 飼育動物のエサとしてのネズミ

私が爬虫類・両生類の飼育に興味をもち始めた中・高校生のころは、現在のように専用の飼育器具やエサなどほとんど市販されていなかった。そういうわけで当時、野菜や人工飼料がわずかながら販売されていたカメ以外のヘビやトカゲを飼育することは、私にとって憧れだった。近年のペット業界では様々な野生動物が輸入・飼育されるようになっていて、中でも爬虫類・両生類は鳴かない、(そんなに)におわないことから人気があるようだ。そして以前とは異なり、容易にそれぞれの種に応じたエサを入手できるようになってきた。こと肉食性動物のエサの充実は目を見張るものがある。肉食性爬虫類の中でヘビは最も飼育しやすい。なぜならヘビはエサである生き物を丸飲みにし、そのほとんどを栄養として消化・吸収できるため、トカゲやカメのカルシウム形成に必須である紫外線すら必要としない。また体が柔らかいため、トグロを巻いた3倍くらいの床面積があれば飼育できるといわれている。以前はヘビを飼育することも容易ではなかった。その最大の理由は、一部のヘビを除くほとんどの種で、エサとしてそれぞれの大きさにあわせた哺乳類や鳥類を丸ごと与える必要があったからだ（図3-3）。丸ごと食

べることで、生命維持に必要なカルシウムなどのミネラルも充足させることができる。言い換えれば、エサのネズミなどが用意できれば（温度管理などももちろん必要だが）、ヘビの飼育はできるといってもいいと思う。

図3-3. ネズミを食べるヘビ
多くの小動物食のヘビは生涯、ネズミだけで飼育が可能。

ところが、このエサの確保が問題だった。かつて爬虫類などの特殊な動物や器具を扱っている店舗は私の住んでいたような地方にはほとんどなかった（現在も都会にくらべて地方では入手しにくい）。そんな状況なので、店のある遠方まで足を運んだり、通信販売を利用していた。今のようにインターネットは充実していなかったので雑誌の広告を見て、気になる店舗に数百円分の切手を同封したものを送ると、価格表が送られてきた。それを見ながら電話で注文するのだ。当時の通販は、とにかく手間と時間とお金がかかった。しかも購入を検討している生体の画像などもなく、あるのはわずかな情報が記載されているだけ。例えば、「○○トカゲ　アダルト（成体のこと）○○円」これくらいしか書いていない。文字でしかわからないから、あとは賭けである。届いてみれば想像と違った、なんてこともあったに違いない。そんな感じだったから、ヘビのエサにするネズミの確保も大変。多くの人はヘビを飼育する傍らでエサ用のネズミも飼育する、そんなことをやっていた（私もやっていた）。

主としてエサ用で出回るのは実験動物や愛玩用として確立しているマウスとラットであり、大きさ・扱いやすさから、特にマウスは需要が高い（ラットはドブネズミを家畜化したものであるため、マウスとくらべて気が荒く、動物種によっては反撃されたり、殺されたりすることさえある）。第1章で述べたように、マウスであるハツカネズミには独特のにおいがある。マウスをエサとして自給自足するためには、最低数十頭は飼育する必要があり、そのおかげでなかなかのにおいになる。動物園では爬虫類・両生類だけでなく、猛禽類や小型の食肉目のエサとしても大量のマウスが必要であり、バックヤードにはたいてい、たくさんのマウスが飼育されている。爬虫類の飼育で一番大変なのは、爬虫類そのものよりエサのキープなのだ。個人の場合、家族がいればさらに深刻な問題になり、家族からの冷たい視線を浴びつつ、ネズミの世話に励まなければならなかった。

一方、現在はどうだろうか。多くの業者が冷凍したマウスやラットを販売している。最近ではウサギやモルモット、さらにはブタやカエル、昆虫など、冷凍餌だけでも非常に豊富にラインナップされ、インターネットでポチッとクリックするだけで手元に届く。おかげで今までエサの確保がネックだった爬虫類・両生類や猛禽類の飼育は、より身近なものになった。

ネットや店頭で売られているエサ用のネズミには呼び名がついている。「ピンク」「ファジー」「ホッパー」「アダルト」「リタイア」などが価格とともに記載されている。これはマウス・ラット共通で、おそらくネズミをエサとして用いる生き物を飼育している人以外には通じない呼び方だ。実験用のマウスやラットを扱っている人でさえ、この呼び名は知らないと思う。「ピンク」は生まれて間もない状態で、幼獣の見たままでピンク色をしていることからそう呼ばれる。「ファジー」は毛が生え始めたくらいの生後1週間くらい。「ホッパー」はピョンピョン跳ねる（ホッピングする）ようになったくらいで、離乳前後ぐらいだろうか。「アダルト」は成獣（生後40日以上）になったくらい。若く小ぶりなものは「ヤングアダルト」と呼ぶこともある。「リタイア」は老齢個体あるいは何産かした段階の個体のこと。これらをそれぞれ飼育している動物にあわせて購入する。

この段階的な呼び名は、どうも爬虫類や猛禽類などのペットを扱う人々の中では当たり前のように使われているが、動物園業界でもピンク・アダルトくらいしか区別しない。マウス・ラットは実験動物だけではなく、恒温の動物性タンパクを要求する野生動物のエサとしても必須なのだ（**図3-4**）。偏食（変食？）サギであるミゾゴイの飼育にも、ピンクマウスを補助食として与えていたことがある。ネズミは冷凍技術やオンラインマーケットの発達により、幅広い動物種のためのエサとしての地位も確立した。

図3-4. エサマウスのサイズの違い

ヨーロッパの動物園にて。ヘビ（クサリヘビの仲間？）に与えられているのはアダルトラット。

3 害獣としてのネズミ

●「寝盗み」であるネズミ

「ネズミ」といえば、「害獣・汚いもの」などたいていはこの負のイメージがついてまわる。実際、世界中でネズミによる人の生活に対するマイナスの影響は大きい。日本でも弥生時代に高床式倉庫のネズミ返しがつくられていたことは、古くから人にとってネズミ＝害獣の関係があったことがうかがえる。ネズミは人の食べ物を盗む、名前の語源とされる「寝盗み」そのものだった（第1章参照）。ネズミと人の関係で一番問題とされてきたのは、生活の3要素である「衣・食・住」のうち欠かすことのできない「食」を脅かすものがネズミだったことにほかならない。

●衛生害獣であるネズミ

かつてペスト（黒死病とも呼ばれる）が世界中で大流行し、世界の全人口の2割が死に追いやられたともいわれているが、病原体を媒介するケオプスネズミノミ（わずか数㎜の吸血性寄生昆虫）を運んだのは、現在も世界中で勢力を誇っているクマネズミである。抗生物質が発見されてからかつてのようなペストの大流行はなくなったが、現在もアジア、アフリカ、アメリカで発生が確認されている。

ネズミが運ぶのはノミだけではない。ネズミたちはいろいろな「厄介者」を背負っている。野生由来のネズミたちは必ずダニをひっつけている。ネズミの捕獲調査の際、一番厄介なのがダニで、そのまま過ごすと太ももや腹などを咬まれ、痒くてたまらなくなることがある。中でもニホンハタネズミは、ツツガムシ（リケッチア症を媒介するダニの一種）の宿主としてよく知られている。またネズミを野生から導入後、飼育下で数世代経過した個体でも親から代々ダニが継承されていることは多い。まさに負の遺産。野生の状態ほどはいかないものの、ちょっと掃除をサボったり、ネズミの飼育密度が高かったりすると、あっという間にダニはその勢力を拡大する。ダニによる人への被害軽減や、飼育管理する人によるダニの運搬を防止するため、飼育施設への出入りの際に履き物を交換したり、ケージ清掃後にシャワーを浴びるなどの対策をとるべきだろう。野生動物を相手にする場合は細心の注意が必要だ。特にフィールド調査後などは、同居する人たちにダニを拡散しないためにも、すぐに風呂に入るのをお勧めする。「私は野生のネズミに触れ合うこともないし、安心だわ〜」と思った人、安心しないでほしい。ダニの一種であるイエダニの宿主とされているのは、クマネズミやドブネズミなどの家ネズミだ。しかもイエダニは吸血しない時期、ネズミから離れた巣などに潜んでいることもある。さらに宿主であるネズミが死んでしまった場合、ゾロゾロとその体を離れ、次のすみかを探し回る。瀕死のネズミからは、よく大量のダニが這い出てくるのが見える。正直、見ているのも気持ち悪くなるくらいにワサワサ出てくる。おそらく、体温低下を感知しているのだろう。そんな様子を目にすると「ああ、このネズミはそろそろヤバいな……」と思ってしまう。

動物園は飼育している動物のため施設に空調が設置されていたりして過ごしやすく、栄養豊富な食料も年中あるので、ネズミにとっては天国のような場所である。東京では丸々太ったドブネズミを動物園で見かけたが、宮崎はもっぱらクマネズミの天国だ。クマネズミは周囲が薄暗くなると活発に動くようになり、梁や天井裏を気ままに走り回る。ネズミ飼育部屋を新たにつくったとき、わずか1週間ほどで屋根裏への進入路を確保されてしまった。屋根裏でカリカリ……と屋根裏の部材を齧る音が聞こえる。「このまま放置して、天井裏の断熱材をバラバラにされてしまうのは困るなぁ」と考え、思い切って新品状態の天井の板を1枚はがしてみた。すると、何ということでしょう。はがした天井パネルの裏には血を吸って赤くなったダニがびっしり。その後、定期的に天井裏に殺虫剤を散布するようにした。ネズミそのものを排除しないといたちごっこ（この場合ネズミごっこ？）になってしまうのだが、この施設のクマネズミはなかなかしぶとく、侵入防止対策と駆除に苦戦した。家の天井裏でネズミが走る音が聞こえたら、すぐにネズミ対策を考えないと、ネズミについたダニのせいで痒くて眠れない日々を過ごすことになるかもしれない。後述の健康被害なども考えると怖くてもっと眠れなくなりそう……。

ネズミはダニなどの外部寄生虫の宿主となるだけでなく、病原性細菌やウイルスの感染源にもなる。レプトスピラ菌によるレプトスピラ症（ワイル病）、ハンタウイルスによるハンタウイルス肺症候群（HPS）や腎症候性出血熱（HFRS）などは、ネズミの糞尿や咬傷などから感染するとされている。レプトスピラ症については、カバ園長で有名な故 西山登志雄氏がモデルとなった漫画『ぼくの動物園日記』で、主人公がアシカの治療中に感染してしまう場面が私には印象的だ。ネズミに咬まれることは滅多にないと思うが、ネズミの糞尿で汚染された土壌などは、誰しもが接触する危険性があるので、気をつけたい。

●その他の害を及ぼすネズミ

ネズミの害は食べ物や健康被害だけではない。ときには人間の生活を麻痺させるような大被害を及ぼすこともある。ガス湯沸かし器の中に巣材を運び込み火災を起こした例や、電車の送電線を齧り列車をストップさせるなどの例もあるという。私の身のまわりにはそのような大事件は発生していないが、動物園で私が経験したネズミに関わる事件（？）を紹介しよう。

ビリビリコード事件

動物園で働き始めて間もないころ、小動物を飼育するスペースなどはほとんどなかったので、空いた動物舎の一部を貸してもらってネズミやカメを飼育していた。そこは動物たちのバックヤード兼、飼育通路として使用されている一角であり、夕方人気がなくなると通路の配管の上をクマネズミが走っていた。当時私はさほど気にもしておらず、むしろときおりクリクリとした目で見せる姿はかわいいな、くらいに呑気に思っていた。ある日、水槽の水を循環させるためのポンプをつなぐコードに、齧られた痕跡があることに気づいた。と思った瞬間、手にビリッと電流のようなものが走った。普通ならここは何か衝撃を受けたとかが続くのだろうが、このときは本当に電流が走ったのだ。よく見ると、コードから銅線が剥き出しになっている部分があるではないか。ネズミがビニール被覆部分を齧ったためにできたものだった。このとき「ビリッ」だけで済んだこと、ショートして火災にならなかったことに、ホッと胸を撫で下ろし、部屋にはネズミが侵入できないような改修をした。

バードケージ破壊事件

動物園では大型のバードケージの場合、ゴルフの打ちっぱなしでよく使われるような樹脂製のネットで周囲を覆う。ある日、ニワトリやアヒルを飼育していたケージを観察すると、小型の動物なら通ることのできる数cm四方の穴がネットに開けられていた。夕方観察していると、よく太ったクマネズミがケージ内に出入りしていることに気づいた。通ってきた先のネットには穴が開いている。どうやらニワトリのエサを失敬するためにクマネズミがネットを破って侵入していたらしい。急いで穴を塞ぎ、穴を開けられそうな部分を金網や板で覆って対策を施した。沖縄の動物園では、広いネットで囲った屋外放飼場にオリイオオコウモリやダイトウオオコウモリが飼育展示されているが、ネットが破かれたような痕跡はほとんど見られなかった。

北海道〜九州ではビルや人家でよく見られるクマネズミは、南西諸島ではどちらかというと農村部や森林などにすむ田舎のネズミなのだという。そのため都市部の動物園では影響は少ないのか、コウモリそのものよりもきれいなネットのままのコウモリケージに感心した。

4 ドブネズミとクマネズミ

本書を執筆するにあたって打ち合わせを行った際、日本ではネズミについて総合的に書かれた書籍はあまりないですよね、という話になった。そこで、過去に国内で出版されたネズミの書籍を集めてみた。40年以上前に出版されたもので「ネズミ」とタイトルがついているものはドブネズミ、クマネズミ、ハツカネズミの「家ネズミ」について書かれたものがほとんどを占める。それらを読み進めていくうちにおもしろいことに気づいた。１９７０年あたりまでに書かれたものはドブネズミがメインで、それ以降はクマネズミが主役になっているのだ。これは日本の都市化が進むことによって、ドブネズミとクマネズミの分布状況、そしてその後の人間へ与える影響が変化してきたことを示している。この時代の変化と家ネズミの変遷について、

少し触れてみたい。

●家ネズミの大きさと食性

家ネズミの中で最も大きいのはドブネズミで、平均体重200～300g。中には500gにもなるものもいるらしい（図3-5）。一方のクマネズミはドブネズミよりひと回り小さく、150～200g程度である。ハツカネズミはさらに小さく、15～20gしかない。10g以下のハツカネズミは日本最小のネズミ、カヤネズミとの区別が難しいくらいだ。ハツカネズミはくらべるまでもないが、ドブネズミとクマネズミとでは、ドブネズミの方が体が大きい分強い。またドブネズミは動物食を好み、昆虫から小型哺乳類、ときには小鳥までもが捕食対象である。一方でクマネズミは穀類が主体の植物食であるといわれているため、食性・サイズから考えると、最強の家ネズミはドブネズミで間違いないだろう。

ところで、植物食とされているクマネズミだが、ここに私

図3-5. ドブネズミ（*Rattus norvegicus*）とクマネズミ（*Rattus tanezumi*）
左：ドブネズミ。この個体は新潟県佐渡市で捕獲された、貴重な白化個体（口絵 3-2、6 ページ）。
右：クマネズミ。ドブネズミより目と耳が大きい。現在、家ネズミの中で最大勢力を誇る。

は少し疑問をもっている。宮崎の動物園で猛威をふるっていた家ネズミはクマネズミだ。動物舎の中でネズミが飼育動物の残飯を収集し、食い散らかした痕跡を発見するのだが、その残骸は魚だったり肉だったりする。そんなエサを与えられている動物たちは、ライオン舎やカワウソ舎の中にいる。鉄製の檻を支えている梁だったり、ライオンが出入りする扉の重りの上にそれら残飯コレクションが乗っかっていた。ライオンは出てくることのない場所だし、カワウソも届きそうもない高い部分にそれらコレクションはあった。この垂直空間を利用できるのは、後で述べるがクマネズミ以外に考えられなかった。実際にカワウソ舎に侵入し、カワウソにクマネズミが捕まっている光景に遭遇したことがある。基本植物食とされているクマネズミも、ライバルがいない環境では効率よくタンパク質を獲得するために、かなり動物食になることもあるのではないか、と考えている。

●クマネズミの天下到来！

戦後〜1950年代の日本はビルのような高層建築物もほとんどなく、建物といえば木造の平家〜2階建くらいが主流で、農村が多かった。そのような環境で一大勢力を誇っていたのはクマネズミで、ドブネズミにとってはすみにくいというより、好みの動物質のエサが少なかった。そのためか、そのころの農村部はクマネズミの天下だった。ところが高度経済成長が進むにつれて鉄筋コンクリートの建物が増え、都市化が進んでいき、それに並行して人々の食生活も豊かになっていった。ドブネズミを養っていけるだけのタンパク源を供給できるようになったのだ。食べるものさえ確保できれば向かうところ敵なしのドブネズミ。1960～1970年にかけて、まさにドブネズミの時代となる。しかし1970年を過ぎたあたりから状況が変わってくる。すさまじいまでの都市化により、高層建築が増え始める。高層ビルはコンクリート製で、縦方向に伸びた建築物はドブネズミの侵入を許さなかった。垂直方向の移動ができるのは、家ネズミではクマネズミだけだ。彼らにはコンクリートの壁も垂直な柱も通用しない。都市化した日本は、瞬く間にクマネズミの天下へと逆戻りしてしまう。ドブネズミは巣穴を掘るが、クマネズミの巣は布やビニール、綿など、そこらにあるものを何でも巣材にして完成してしまう。ときには部屋のソファーの中に巣をつくることもあるらしい。面倒なのが、ドブネズミやハツカネズミは殺鼠剤や罠で比較的駆除がしやすい一方、クマネズミは警戒心が非常に強く、最近は薬剤に対して抵抗性のある「スーパーラット」と呼ばれるものまで現れ始めた。現在、家ネズミで一番の厄介者はクマネズミだ。街の変化や特徴的な生態も相まって現在もなお、クマネズミが日本最大勢力を誇っている。

5 実験動物としてのネズミ

「ネズミ」は現在、世界中で最も一般的な実験動物である。その中でも「マウス」や「ラット」は実験動物の代名詞ともいわれ、現代の医療や科学研究の根幹を支えるかけがえのない存在となっている。とりわけマウスとくらべて進化の歴史がよくわかっていなかったラットについては、京都大学のチームが世界に先駆けた考察をしている。ここでは、まず一般の方に馴染みのない「実験動物とは何か」という疑問について触れたうえで、「ネズミ」が実験動物として重宝されるに至った理由について、その生物学的な特徴を交えて紹介していきたい。

●実験動物とは？

まずは「実験動物」という言葉の定義について説明しよう。実験動物の主な用途である動物実験は、動物に何らかの実験処置を加えて、動物の反応を観察することと定義される。この動物実験に使われる動物が、すなわち実験動物なのだ。おそらく、研究に馴染みのない一般の方々からは、このような回答が得られるだろう。もちろんこれは正解ではあるが、正確ではない。ここでいうところの実験動物は、学術的には「広義の（広い意味での）」実験動物もしくは実験用動物と呼ばれ、科学上の目的で利用される動物の総称である。それでは「狭義の（狭い意味での）」実験動物とはいったい何なのか。これは「教育や試験研究、生物学的製剤の製造、その他の科学上の利用に供するため、合目的に繁殖される動物」と定義される。さらに詳しく説明すると「科学上の目的に応じて、遺伝および環境因子を厳密に管理し、特別に繁殖される動物」となる。平たくいうと「研究専用の動物」なのだ。広義の実験動物が研究に用いられる野生動物や産業用家畜などの様々な動物を含む一方で、狭義の実験動物という用語にはマウスやラットなど、研究のためにつくられた動物しか含まれない。以降は、広義の実験動物を指して「実験用動物」、そして狭義の実験動物を指して「実験動物」と区別する。

●実験動物の用途

実験動物が利用される学術領域は、医学、生命科学領域だけでなく、人や動物の生命現象を解明するための基礎研究など多岐にわたる。特に医薬品や化学物質などの安全性評価には不可欠な存在となっている。これらの試験研究では、結果の正確性や再現性[注13]が厳しく求められるので、それらを担保する最大の素材である実験動物にも細やかな品質が要求される。遺伝要因は動物実験の成績に大きく影響するため、再現性を高めるべく実験動物には遺伝子構成の同一性が強く求められる。こうした観点から、実験動物は古くから品種改良と選抜を繰り返され、固有の遺伝的特徴をもった数多くの系統がつくられてきた。特に近親交配を何世代にもわたって繰り返したことで確立された近交系は、各系統内における個体間の遺伝的な差異はほぼ存在しないとされている。またその他にも、クローズドコロニーや交雑系、リコンビナント近交系など、遺伝学的に多様な特徴をもつ様々な系統もつくられている。さらに近年、目覚ましく発展した遺伝子改変技術やゲノム編集技術などを利用した新たな系統もつくられ、動物実験の課題を遺伝子レベルで探索する試みも行われている。

また、実験動物を飼育するための無機的環境（温度や湿度、照明など）や微生物学的環境も、動物実験の成績に大きく影響することがわかっている。特に微生物の存在は、宿主となる実験動物との関係や感染症予防の観点からも重要だ。そのため実験動物を飼養保管する施設では、微生物学的なコントロール方法により、清浄度の高い順に無菌、ノトバイオート[注14]、ＳＰＦ[注15]、クリーンおよびコンベンショナルのグレードに動物を分類し、厳密に制御された環境で飼育されている。

●実験動物としてのネズミの歴史

ネズミが実験動物として普及した背景には、その繁殖力の強さに代表される生物学的特徴だけでなく、飼育コストの節減に有利といった経済的事情がいろいろと関連している。そもそもマウスとはハツカネズミ *Mus musculus* を、ラットはドブネズミ *Rattus norvegicus* を実験用に品種改良したもので、それぞれの英名をとってマウス（mouse）、ラット（rat）と呼ぶ。どちらも実験動物として重用されるネズミだが、実はまったく違う種類であることを理解してもらいたい。これらは見た目から簡単に見分けることができる。というのも、体のサイズがまったく違うのだ。成熟したマウスの頭胴長は６～７㎝だが、ラットでは20㎝を超える。また、マウスの体重は十分に成長した個体で40～50ｇなのに対し、ラットは６００～８００ｇと、10倍以上もの体重差がある。さらに本来のハツカネズミやドブネズミの体重はそれぞれ～20ｇ程度、～５００ｇ程度と、やや小ぶりである。

一般的な実験動物としてのネズミのイメージカラーとして、「白」を思い浮かべる方が多いと思うが、実はマウスには黒や灰色、茶色（チョコレート）、シナモン色など、非常に多彩な毛色の系統が存在する。ラットではこういった毛色の変異は少ないが、頭巾斑と呼ばれる上半身が褐色で下半身が白色という特徴的な毛色が存在する。

マウスやラットの実験動物化の起源については諸説あるものの、最も早くに実験動物として確立された系統は、マウスの近交系でＤＢＡ系統（ジャクソン研究所、アメリカ、１９０９年）、ラットのクローズドコロニーでWistar系統（Wistar研究所、アメリカ、１９０６年）と、欧米での開発が盛んだった。これ以降、マウスの系統化は爆発的に進み、代表的なクローズドコロニーとしてＩＣＲ系統とｄｄＹ系統が、代表的な近交系としてはＡ系統、ＡＫＲ系統、ＢＡＬＢ／ｃ系統、Ｃ３Ｈ系統、Ｃ５７ＢＬ／６系統、ＤＢＡ／２系統などが知られている。実は日本の固有種であるニホンハツカネズミ *Mus musculus molossinus* も実験動物として確立されている。日本における最初のネズミの飼育記録は江戸時代にあり、ネズミを飼い馴らすための教本として『養鼠玉のかけはし』（１７７５年）や『珍玩鼠育草』（１７８７年）が出版されている。ここで登場するネズミはニシキネズミとも呼ばれ、他国との貿易によりヨーロッパに到達し、後にＪＦ１系統（ジャパニーズ・ファンシー）として系統が確立されている（**図3-6**）。

図3-6. ニホンハツカネズミから確立されたJF1系統

●実験動物としてのネズミの魅力

　では、実験動物としてのネズミの魅力は何だろうか。まずはマウスの生活環に注目してもらいたい。マウスは約20日の妊娠期間を経て誕生し、さらに約20日という短い期間で巣立ち（離乳という）、その約40日後には性成熟を迎えて繁殖に参加できる。ハツカネズミ（二十日鼠）の語源であるが、我々人間の妊娠期間が約10カ月（約３００日）、さらに性成熟には十数年を要する点から考えると、とても短いのだ。この繁殖能力の高さを指して、古くから「ネズミ算」という言葉で、瞬く間に増殖することの比喩として使われている。また一度の妊娠で得られる子どもの数（産子数）は、野生のハツカネズミやドブネズミの場合4～5頭だが、実験動物であるマウスやラットでは8～10頭と倍近くなっている。これは他の実験動物と比較してもずば抜けて多い。またおもしろいことに、通常であればメスの乳頭の数から一度の妊娠で得られる最大産子数を予測できるが、マウスの場合にはそれを大きく超えて出産することもある。マウスの乳頭数は10個だが、最大で20頭もの産子が得られることもある。しかも多くの場合で育児放棄されることなく、すべての産子が問題なく成長する。こうした繁殖・育児能力の高さは、すべて実験動物化の過程で繁殖成績のいい個体を優先的に選抜してきた成果といえる。

　また、マウスの平均的な寿命は約2年と短く、誕生してから死ぬまでの一生の過程を観察できる。これは例えば、人間でいえば乳児期から老年期までの各ライフステージで起こりうる様々なこと（出産や性成熟、老化など）を比較的短い期間で観察できるということになる。こうした高い繁殖能力と成長の早さ、そして短い寿命により莫大なデータを短期間で集積でき、医科学研究領域では研究期間の短縮といった大きなメリットを生んでいる。

さらにマウスやラットの小さな体は、飼育スペースの省力化やコストの低減という観点からも好まれている。前述したように、動物実験には結果の正確性や再現性がかなり厳密に求められる。これは、同じ実験動物を同様の設備で飼育し、同じ実験操作をすれば、同様の結果が得られる、という考えである。そのため、実験動物の飼育にはまず、高性能な空調や照明の設備が必要になる。同じ広さの飼育室の中に数頭しか飼育できない中～大型動物よりも、数十頭以上を飼育できるネズミの方が、同じコストで莫大なデータ量を収集できる。かといって、狭いスペースに過密飼育されている、ということとイコールではない。最近では実験動物の飼育に関するガイドラインは厳密に規定されつつある。例えば、マウスを飼育する場合には樹脂製のケージの中に木屑などの巣材を入れ、脱走防止用の蓋を取り付け、さらにはエサ入れと給水ボトルを設置するというスタイルが最低限の飼育器材となる。このケージに関しても、マウス１頭１頭が本来の行動様式（歩く、休む、走る、飛び跳ねる、よじ登るなど）を行うのに十分な広さを保証しなければいけない。これは複数のマウスを同居させる場合も同様である。また前述の微生物学的コントロールを達成するために、一定の回数で換気し、さらに給気はＨＥＰＡ

(ヘパ)や中性能のフィルターを通した、非常に清潔な空気を送り込んでいる。同様に巣材にも、マウスの糞尿から発生するアンモニア臭が滞留しないように吸水性がいいものが開発されていて、適切な頻度で交換されている。

このように、飼育ケージ内は非常にクリーンな環境が保たれているのである。「人が一番汚れている」とは、多くの研究施設で注意されることである。また近年では、興味深いことに、こうした単調な飼育設備によって実験動物が本来もつ記憶や学習能力が低下するかもしれない、と指摘されている。これは、動物園の展示動物におやつや遊具を与える取り組みと同様の視点である。こうした取り組みは「アニマルウェルフェア」や「エンリッチメント」といわれ、実験動物飼育にも取り入れられつつある。身近な例では、鳥に巣箱を設置したり、門歯が伸び続けるネズミのためにおもちゃの齧り木を入れたりすることも。通常は栄養所要量を満たす1種類のエサを不断給餌されるところ、2種類のエサを選択できるようにしたり、決まった時間におやつをあげたりする試みもある。実際に、これらの試みが生体内のストレス指標となるコルチコステロンの値を低下させるとの研究結果も公表されている。

また、従来の実験動物を用いた研究成果の解釈が、複数の動物から得られたデータを群分けして判断するものであったのに対し、近年は1頭1頭の成育履歴や生理応答を細かく解析する「個体ベース」の見解に移行しつつある。これは、我々人間の社会においても多様な個性を元にした医療創出（テーラーメイド医療）などの需要が重要視されてきたことも、少なからず影響しているのかもしれない。前述したように、個体間の遺伝的変異がほとんどないとされる近交系でさえも、近年の研究では成育履歴（環境要因や兄妹数、離乳時期など）により、生理、行動にバリエーションがあることもわかってきている。これは遺伝的情報に関わらない後天的な多様性の獲得として、多くの学術領域で取り沙汰されている。こうした新たな研究領域の開拓もまた、歴々の研究者が「ネズミ」を用いて培ってきた膨大な生物学的情報があってのことである。

マウスやラットの他にも、スナネズミやアカネズミ、デグー、ハダカデバネズミといった実験動物化の途上にある多種多様なネズミが存在するが、これらは他項を参照してほしい。

6 ネズミをどうやって捕まえる？

●尻尾をつかむときは要チュウ意！

ネズミを飼育していてよく頭を悩ませるのが「保定」だ。ケージ内部の掃除や、ペアを組み換える際など、いったんネズミを捕まえる必要がある。また、投薬や計測のときには動かないように押さえておかなければならない。このとき、きちんと保定ができていないと保定者が咬まれたり、動物が逃げたり怪我をしてしまうことになる。ペットショップで売られているようなハムスターやマウスであれば、両手で下から包み込むようにして容易に捕まえることができる。野外から捕獲してきたネズミはそうはいかない。素直に手で捕まえられるやつなんかほとんどいない。そうでなければ、簡単に捕食者に捕まってしまうから。

そこで私は、素手でおとなしく捕まえられないネズミに対しては麦粒鉗子を使う。麦粒鉗子は一般的には、手術の際に滅菌したガーゼをつかんだりする医療器具だ。ネズミの動きを見ながら、尾の付け根を鉗子でケージの隙間からサッとつかんで捕まえる。このつかみ方が重要で、つかむ場所が尾の先端に近すぎてネズミの体重が捕獲部にかかってしまったり、つかむ力が強すぎたりすると、ネズミの種類によっては尾の皮膚が抜けてしまう。アカネズミやヒメネズミ、トゲマウスなどは要注意だ。また、尾の切れやすいリスやヤマネにはこの方法は使えない。一方、ハツカネズミ、クマネズミ、カヤネズミには使える。特にクマネズミは跳躍力が発達していて力も強く気性も荒いため、素手で捕まえることはできない。万が一、咬まれてしまうと感染症などのリスクもあるので、鉗子を使うのは有効な手段だ。ただ、この方法の欠点は熟練が必要で、慣れない人がやると尾の抜けやすい種ではほとんどが切れてしまい、1㎝くらいのかわいそうな尾になってしまう。

そこで、鉗子の代わりに使うのが「筒状の何か」である。何かとは、使う人が使いやすい筒状のものなら何でもいい。研究室では代々お茶漬けの空き缶が継承されていたが、長すぎるのと中が見えないことで扱いにくかった。そこで誰かが考えたのが食品ストック用のボトルである。１００円ショップで購入でき、透明で中が観察できる。さらに蓋を押すとロックされ、ロックされた蓋は端を押すとポンと開く（**図3-7**）。なんて便利なものを見つけたんだ！　体重を測るくらいならこの方法が一番個体にとっても負担が少ない。

図3-7. 100円ショップで購入できる透明ケースで体重計測中のトゲネズミ

●トゲネズミを捕まえるには

トゲネズミの場合はどうするか。トゲネズミの尾もアカネズミ同様、強い力がかかると先端から皮膚が簡単に抜けてしまうため鉗子は使えない。天然記念物であるトゲネズミの場合、尾が短くなる＝現状と異なる状態になる、ということで文化庁に「現状変更手続き」という書類を提出する手続きが必要になるという。私たちはトゲネズミの体重を計測する際、生殖器の状態もチェックしていた。なので、どうしても手でつかんでじっくり観察する必要があった。というわけで透明ボトルも役不足だ。ヒントは奄美でのトゲネズミファウンダー注16の一時飼育での工夫にあった。

奄美でトゲネズミを一時飼育するための部屋は、倉庫の一室を間借りすることになっていた。そこは倉庫ゆえ、奥の方は物であふれていた。捕獲して小さなケースで運んできたトゲネズミを今から飼育ケージに移動しなければならない。「ここで逃げたら洒落にならないね」ということで、飼育スペースより奥に段ボールでバリケードをつくってみた。見るからに貧弱で垂直に60㎝以上ジャンプできるトゲネズミ相手では気休めでしかない。そのとき、「これちょっと借りようか」と、メンバーの1人が大きな厚手のビニール袋を発見した。この中で移し換えようというのだ。「いいかも」と試してみると案外うまくいった。

この後、宮崎に戻り飼育を開始してからはホームセンターを探し回り、通常の約2倍の厚みで容量120Lという大きなビニール袋を見つけた。この袋の中に小さなケージや塩ビパイプに入っているトゲネズミをそのまま移し、袋の口を押さえて跳び出ないように袋の中にトゲネズミを出し、袋の外から手のひらでゆっくりネズミを押さえ込む。そこで袋に手を入れて、ネズミに咬まれないように背中の皮の部分を持って保定する。今ではこの方法はトゲネズミを逃さず安全に捕獲できるとして他の動物園でも採用されている。

この後、さらなる問題が出てきた。市販の小型ケージであればケージごと袋に入れられたが、繁殖用の大型ケージは袋に入らず、その手が使えなくなった。ケージ内に巣箱を設置している場合はいいが、プラスチックコンテナケージの場合は巣箱がないので、ビニール袋に入れることができない。そこで、コンテナケージの場合は中蓋を取り外した後、塩ビパイプをトゲネズミの前に持って行って誘導すると結構入ってくれることがわかった。以降、コンテナケージではこの手法が主流になっているが、たまに腕の隙間から脱走されることもあり、そのとき飼育室は大パニックになる。トゲネズミを捕まえる百発百中の方法はないものだろうか。

COLUMN.

ネズミ、走る、回す

かつて動物園のネズミ展示において、どんな種類のネズミを見ても来園する子どもたちのほとんどが「ハムスター」と言っていた。不思議に思って、ネズミを見ている子どもの様子を少し離れて観察したり、直接話を聞いたりして調べてみた。理由は簡単に判明した。ケージの中に「回し車（ランニングホイール）」があるかどうかだった。どう見てもハムスターとは似つかない、小さくて尾の長いカヤネズミでもハムスターと呼ばれていた理由はこれだった。

ハムスターを含めほとんどのネズミたちは、活動時間の多くを採食と食べ物の探索に充てている。そのため、小さなネズミでも1日で数㎞移動することは珍しくない。誰が考案したのかはわからないが、ネズミ、特にハムスターの飼育にはこの回し車が当たり前のように使われる。私が中学生のころ飼っていたハムスターケージにも回し車がついていたが、夜な夜な回し車がカラカラと回る音はかなり騒々しく、個体によってはプラスチック製の回し車を齧ってバラバラにしてしまう（当時のお小遣いで買

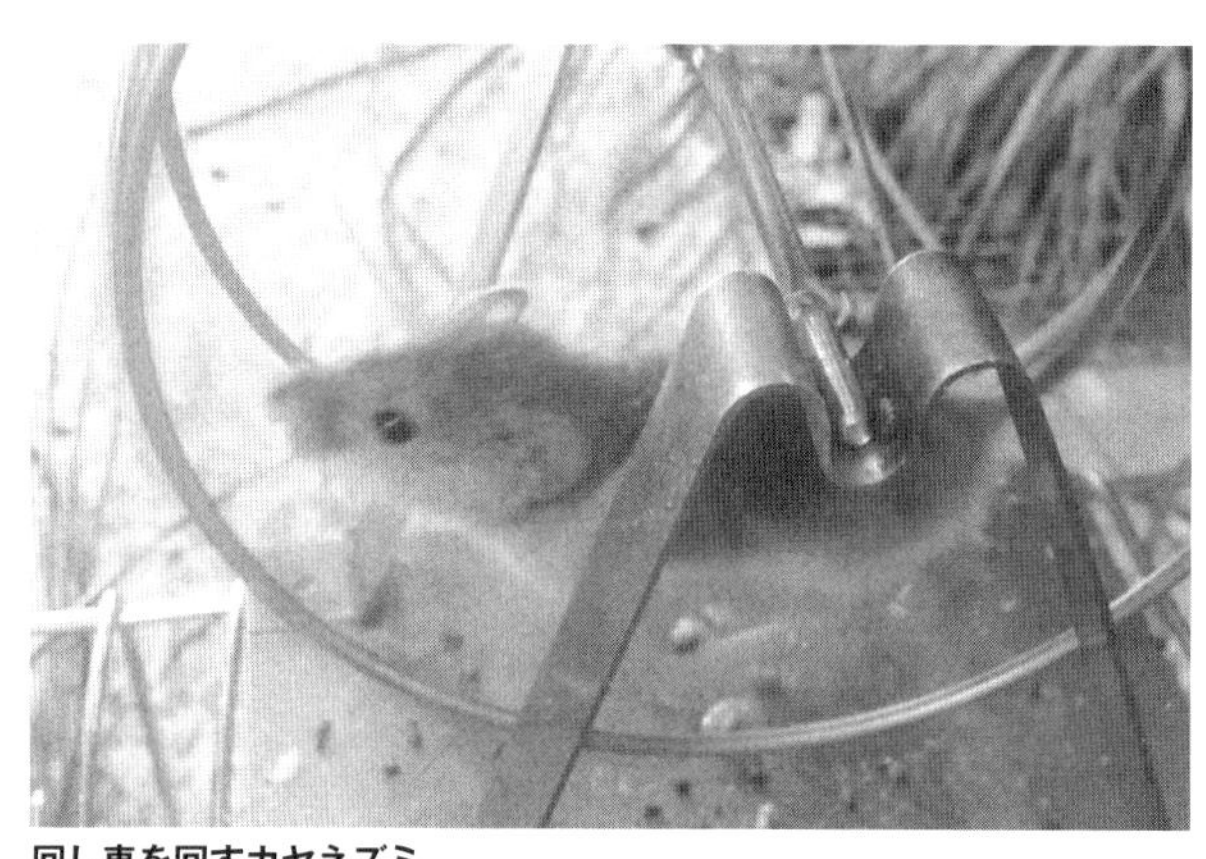

回し車を回すカヤネズミ

まるで何かに取り憑かれたかのように回し続ける。

い直すのは難しかった）ので、いつしか私はネズミ飼育に回し車を使わなくなった。

後述するカヤネズミの展示では、展示ケースの中に小さな回し車も一緒に入っていた。すると、カヤネズミはひたすら回し車を回し続ける。個体が入れ替わっても、回し車を回さない個体の方が少なかった。中には翌日出産するというのに、お腹がパンパンのまま回し続けるメスまでいた。

「hamster wheel」という言葉は、１９４９年に新聞広告として載ったものが最初だという。16～18世紀には回し車をイ

COLUMN.

ヌに与え、イヌが車を回すことでロースターを回転させ肉を焼いていたという記録がある。しかも、ターンスピットという専用の犬種まで存在したという。はじめは機械の動力として考案された回し車が、もしかしたらネズミなどのための運動具として変化していったのかもしれない。

アマミトゲネズミの飼育下繁殖に取り組むにあたり、彼らのストレスを軽減することも繁殖成功へのカギとなるのではないかという話が出た。小さなケージの中でより自然に近い環境を再現するために、トゲネズミの運動量をどう確保するかも課題となった。そこで「回し車入れたら回すんとちゃう?」と、共同研究者の先生が半分冗談のように軽く放った一言を信じ、トゲネズミ用回し車を設置してみることにした。まずは直径15㎝ほどのハムスター用のものを試す。乗りもしなかった。やはり小さすぎたようだ。そこで我が家に放置されていた、知人からもらったけど一度も使っていない直径30㎝ほどの特大の回し車(プレーリードッグに使おうとしたら失敗、その後私のところへ)を1つのケージ内に設置してみた。トゲネズミは最初の数日は怪しんでいたが、やがて雌雄ともに軽快に回すようになった。飼育下で初めて交尾が観察されたのは、回し車を設置したケージのペアだった。その後もその回し車はトゲたちに継承され続け、日没になるとすぐ部屋からキーキーと回し車を回す音が聞こえてくるようになった。

最近は愛玩用として南アメリカ原産のデグーが人気で飼育器材も豊富になり、ハムスターよりもかなり大きいサイズの回し車が市販されるようになった。しかも最近のものは騒音対策で摩擦を抑えるベアリング、耐久性を考慮した金属製のものなど、ネズミにとってもより快適さを追求したものになっている。いくつかのタイプの回し車を入手しトゲネズミのケージに入れてみたところ、個体差はあるもののみんな取り憑かれたように回しまくっていた。昨今は「動物福祉」や「環境エンリッチメント」が頻繁に取り上げられるようになり、動物園ではより動物の習性を生かした快適な環境を用意する必要性が高まっている。この回し車、ネズミ以外の動物（ミーアキャットや小型ネコ科など）にも結構使えるのではないかと私は考えている。

COLUMN.

第4章

動物園のネズミ

1 日本の動物園の人気者は誰だ？

動物園動物で人気の高い種は、多くの園館で飼育されることになりやすい。つまり、動物種ごとの飼育園館数は、その動物種の人気度を反映しているといえるだろう。希少種で入手が困難とか、飼育が困難だったり多額の経費がかからない限り、そんな傾向がある。（公社）日本動物園水族館協会に加盟している動物園・水族館のうち、より多くの園館で飼育されている齧歯類を調べてみると（**表4-1**）、1位モルモット（テンジクネズミ）：84園館、2位カピバラ：67園館、3位オグロプレーリードッグ：40園館、4位マーラ：30園館、5位アメリカビーバー：27園館、同じく5位アフリカタテガミヤマアラシ：27園館、となっている。1位のモルモットは展示、というよりふれあいコーナーのようなところにいることが多い。ふれあいコーナーはどこの動物園にもだいたい設置されているので、モルモットの断トツトップは頷ける。そして2位のカピバラ。カピバラはキャラクター化もされており、カピバラ専属ファンもいるほどの人気だ。最近は水族館でも展示するところがある。そして3位のプレーリードッグ。立ち上がって様子をうかがう様子は非常に愛くるしい。齧歯類の輸入規制がかかるまではペットとしても

人気が高く、個人で飼育している人も多かった。現在は輸入規制がかかっているのと、個人の飼育では繁殖が難しいので、ペットとしてはかなりマニアな人またはよほどのプレーリードッグ好きの人が飼育しているのではないだろうか。動物園・水族館ランキングベスト5に、いわゆる「真のネズミ」であるネズミ形亜目は入っていない。ほとんどがヤマアラシ形亜目、次いでリス、ビーバー。ネズミ形亜目は、ようやく9位にアカネズミ、11位にカヤネズミが入ってくる。

では、なぜこのようなランキング結果になったのか。私なりに考察してみた。まず、人気のある種のほとんどが齧歯類では比較的大きな体格をしている。動物園では展示効果が高い動物種が好まれるので、小さくてどこ

	種名	科名	亜目	飼育園館数
1位	モルモット（テンジクネズミ）	テンジクネズミ科	ヤマアラシ形亜目	84
2位	カピバラ	テンジクネズミ科	ヤマアラシ形亜目	67
3位	オグロプレーリードッグ	リス科	リス形亜目	40
4位	マーラ	テンジクネズミ科	ヤマアラシ形亜目	30
5位	アメリカビーバー	ビーバー科	ビーバー形亜目	27
〃	アフリカタテガミヤマアラシ	ヤマアラシ科	ヤマアラシ形亜目	27
7位	ニホンリス	リス科	リス形亜目	24
8位	ムササビ	リス科	リス形亜目	19
9位	**アカネズミ**	**ネズミ科**	**ネズミ形亜目**	**15**
〃	チンチラ	チンチラ科	ヤマアラシ形亜目	15
11位	デグー	デグー科	ヤマアラシ形亜目	12
〃	**カヤネズミ**	**ネズミ科**	**ネズミ形亜目**	**12**

表4-1. ネズミの種ごとの飼育園館数ランキング（2020年調べ）
（公社）日本動物園水族館協会ホームページより引用・改変

にいるのかわからないものより、一目見てインパクトのある方がいいに決まっている。そしてヤマアラシ形亜目、リス形亜目が多い点。これは展示効果もあるだろうが、それ以外に個体の寿命も関係しているかもしれない。カピバラやヤマアラシは10年程度、リスやビーバーはもっと長生きする。宮崎の動物園で飼育されていたムササビ「ムー」は20年生きていた。それにくらべて、ネズミ形亜目の小さい「ネズミ」たちの寿命は総じて短いものが多い。野生下だと1年くらい、飼育下でも平均2~3年が多いのではないだろうか。数年に一度は展示個体を入れ替え、あるいは導入しなければならないよりも、長い期間同じ個体を飼育展示できた方が楽だ。寿命の短い小さなネズミたちは、バックヤードで予備の個体を飼育していないと継続して展示することは難しい。

2 陰の人気者? カヤネズミ

本命のネズミ形亜目ネズミ科で、何とかランクインしたアカネズミとカヤネズミだが、これは入手のしやすさが第一にあるだろう。ネズミ科1位のアカネズミは日本固有種であるけれど

も、北は北海道から南は九州まで広く分布していて、森林・畑・河川敷などいろいろなところで見られる。過去に動物園内で野ネズミの捕獲調査をしたことがあるが、アカネズミはレッサーパンダ舎のすぐ裏で捕獲されたくらい身近にいる。

そしてネズミ科では2位になるカヤネズミ。アカネズミと違ってワールドワイドにすんでいる。グレートブリテン島やユーラシア大陸・台湾・日本にかけて広く分布していて、イギリスでは馴染み深い動物らしい。日本では本州中部以南から九州にかけて分布する。アカネズミほどどこでも見られるわけではないが、地域によっては私たちがよく訪れる河川敷や牧草地などにすんでいる。また、都道府県ごとのレッドデータブックでは、生息地となる河川敷の工事などによって近年では希少種とされていることが多い。宮崎県でも準絶滅危惧種になっているのだが、牧草地で草刈りをしていると意外にひょっこり出てきたりする。

全国の動物園・水族館のうち、アカネズミは15園館、カヤネズミは12園館で飼育されている。先ほどの人気齧歯類ランキングの1～3位の差にくらべたら、アカネズミとカヤネズミの飼育園館数はもはや誤差の範囲内といっていいと思う。ただ、動物園や水族館の関係者の人気投票も加えると、おそらくカヤネズミに軍配が上がるに違いない。今は飼育していないが、展示を希望しているところはよく聞く。反対に「アカネズミを飼育したいんだよね～」というのは聞いたことがない。カヤネズミは、動物園で多数飼育していることを知った他の動物園関係者から、何度か分けてほしいと言われた唯一のネズミでもある。

カヤネズミの何がいいのか？

さて、カヤネズミというネズミの魅力は何だろう。実はこのネズミ、典型的なネズミの姿をしてはいるものの、他の種にはない「おもしろさ」がいくつかある。では、そのおもしろい特徴をいくつか紹介したい。

日本最小のネズミである

カヤネズミは学名が *Micromys minutus* で、「*minutus*」は「小さい」を意味する。体重が9～16g、頭胴長54～69㎜しかない。よく「500円玉と同じくらいの重さ」と例えられる。小さいネズミではニホンハツカネズミ *Mus musculus molossinus* もいるが、こちらも体重は10～16gと500円玉並みではあるものの、頭胴長が63～92㎜と、見た目はカヤネズミより少し大きい。

顔のパーツが他のネズミよりかわいい

これには私の偏見も少し入るが、他のネズミにくらべ耳が小さく、吻（鼻先）が短い。ネズミに詳しくない人にとっては、カヤネズミもハツカネズミも小さな茶色いネズミだが、慣れた人からすると一目で区別できる。ハツカネズミの方が鼻先は少しシャープで、やはりカヤネズミの方が丸っこくてかわいい。

巻きつく尾をもっている

細い草から草へ、あるいは細い茎を上下に移動するとき、尾を巧みに使い巻きつけながらバランスを上手にとることができる。また、前脚で草をうまくつかみ、体を支えることもできる。ハツカネズミと比較するために、垂直に立てた竹ひごを登らせると、カヤネズミは尾を巻きつけながらスルスルと移動するのに対し、ハツカネズミはカヤネズミよりやや短い尾を振りながら必死にバランスをとろうとする。ちなみに、この尾の特徴はアカンボウのときからはっきりしていて、生まれて間もない幼獣でもカヤネズミかどうか判別できる。

ボールのような巣をつくる

カヤネズミといえばこれだろう。ススキやチガヤなどのイネ科の草を上手に割いて10㎝ほどの球巣をつくり、この中で出産・子育てをする。カヤネズミを動物園で飼育していても、この球巣をつくらせることは意外に難しい……はずだった。この巣の展示については後ほど詳しく紹介する。

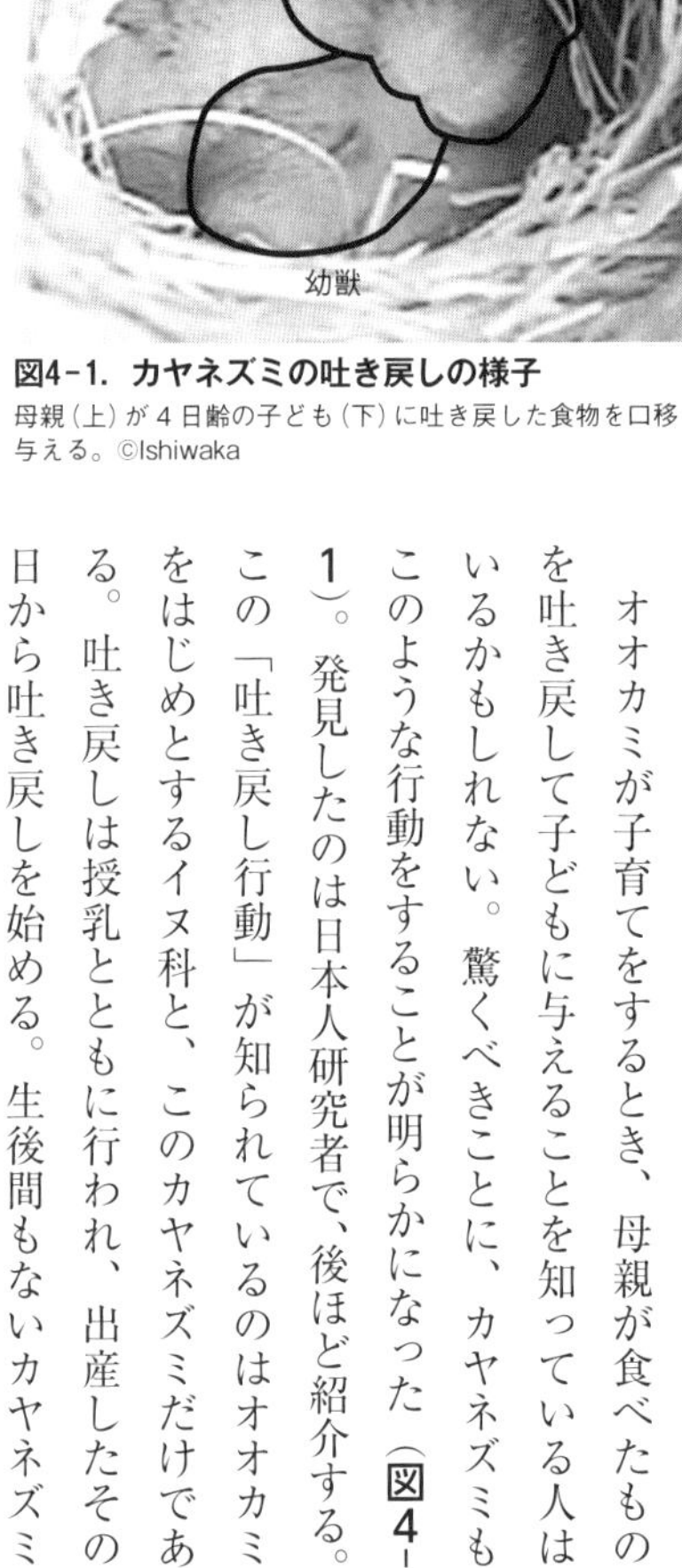

図4-1. カヤネズミの吐き戻しの様子
母親（上）が4日齢の子ども（下）に吐き戻した食物を口移しで与える。©Ishiwaka

吐き戻し行動

オオカミが子育てをするとき、母親が食べたものを吐き戻して子どもに与えることを知っている人はいるかもしれない。驚くべきことに、カヤネズミもこのような行動をすることが明らかになった（図4-1）。発見したのは日本人研究者で、後ほど紹介する。この「吐き戻し行動」が知られているのはオオカミをはじめとするイヌ科と、このカヤネズミだけである。吐き戻しは授乳とともに行われ、出産したその日から吐き戻しを始める。生後間もないカヤネズミはうまく動くことができないので、母親が体を支えるように口移しで吐き戻したエサを与え、幼獣の目が見えるようになると、自分から母親に吐き戻しをねだるようになる。この吐き戻しによって与えられる食物の効果なのかは定かではないが、カヤネズミの子の成長スピードは早く、ハツカネズミより1週間ほど早く離乳する。

以上、私の思いつくカヤネズミのおもしろい部分をざっと挙げてみた。私のような自称ネズミ好きな変わった人（？）だけでなく、一般の人にもカヤネズミは興味を引きやすい動物だと思う。実際、動物園で展示しているカヤネズミは他のネズミたちより「かわいい」といわれる率、および展示ケースの前における滞在時間に差がある……気がする。

●カヤネズミの生態を「おもしろく」展示する

野外でカヤネズミがつくった球形の巣に出くわすことはそう難しくない。しかし、動物園でカヤネズミの展示を目にすることがあっても、巣とカヤネズミを同時に見ることはそう多くはない。要するに、飼育下のカヤネズミに球巣をつくらせることは簡単ではないのだ。

２００８年、子年。宮崎市フェニックス自然動物園では企画展「干支の動物 ネズミ（子）展」を開催した。このときは約20種のネズミの生体を展示したのだが、この中にはもちろんカヤネズミも含まれていた。当時九州大学で飼育されていた個体を分けてもらって展示したが、ネズミそのものを見せるため、水槽にウッドチップをうっすら敷き詰めたケースに個体を入れただけのものだった。カヤネズミは落ち着く場所を求めてチップに体を半分埋めてしまい、何が何だかよくわからなかった。展示する側になって初めてわかった、ネズミを魅力的に展示するのは難しいという事実。企画展終了後もバックヤードで同じように飼育していたら、繁殖もうまくいかず、いつの間にかカヤネズミは絶えてしまった。あのときはせっかく個体を分けてもらったにもかかわらず、そのまま途絶させてしまったことをとても後悔した。

それから時は流れて2014年、救世主が現れる。九州大学で草地を研究していた増田泰久名誉教授と、その弟子にあたる宮崎大学助教（当時）の石若礼子氏が、カヤネズミの展示に協力してくれるという話が出たのだ。実は前回展示したときの個体分与の世話をしてくれたのも石若氏だった。このときは飼育のアドバイスをもらったくらいで、展示についてはやりとりをしなかった。カヤネズミの吐き戻し行動を報告したのも石若氏である。もちろんきっかけは我が師匠、森田先生で、私は喜んで展示協力をお願いした。カヤネズミの展示は「宮崎の野生動物展」の小型哺乳類部門の目玉とし、展示スペースのど真ん中に配置することにした。カヤネズミの展示に50×50×50㎝程度の立方体の透明アクリルケースを用いる予定であることだけを伝え、あとは2人にお任せすることにした。

展示準備を約束していた当日、2人は何やら大きめの荷物を抱えて動物園にやってきた。聞けば、増田先生が直々に自作したアイテムをもってきてくれたらしい。1つずつ取り出される増田アイテム。木材と竹ひごが主な材料で、竹ひごを格子状にして立方体にしたもの、支柱に台がついていて横に伸びた棒には、急須に使う茶こしがぶら下がっている。どうやって使うかは先生の頭の中にあるので、少しずつ形になっていく様を横で見せてもらっていた。別のビニール袋から取り出されたのは、刈り取られたばかりの生のチガヤの束。今朝（そこら辺の道端で）

図4-2. 2人の研究者の協力で完成したカヤネズミ飼育展示ケージ

刈り取ってきたものだそうだ。これを格子状に組んだ立方体の竹ひごに、傘立てに傘を立てるように並べていく。「もちろんすぐに枯れてしまうけど、水気がなくなると葉がくるっと巻いて、見やすくなるよ」。そして茶こし付きスタンドや竹ひご製ジャングルジム、カプセルトイの空カプセルに穴を開けた「休憩所」なるものも設置された。床にはウッドチップを敷き詰める。そこに石若氏が新たなペアの成獣カヤネズミを投入して終了（図4-2）。……えっ、おしまい？ 他の動物園ではカヤネズミの営巣を展示するために鉢に植えたススキを入れたり、かなり大きなケージを用意したりいろんな工夫をしてようやく展示できたみたいだったけど……。「メスの方は妊娠しています。間もなく巣をつくりますよ」そう言われ、若干の不安を感じつつ、当のカヤネズミたちはというとチガヤの束の中に潜り込んでいった。

翌日ケースを覗くと、見事な球状の巣が完成していた。カヤネズミは、あの小さな体でこの大仕事を一晩でやってのけたようだ。それから数日のうちにメスは出産したようで、巣に滞在する時間が長くなり、お腹がスリムになった。他のネズミにも当てはまるが、カヤネズミは出産後すぐに発情し（後分娩発情）、オスが同居していれば再び交尾・妊娠する。生まれた子どもは約1gのアカンボウで、1度に1～8頭、平均4～5頭生まれる。そして生後12～13日で巣から出てくる。不思議なことにどの時期に生まれたカヤネズミも、示し合わせたかのようにこの日数で巣から出てくる。そしてわずか生後15～16日で離乳し、自力で生活を始める。分娩直後に交尾が成立していれば18日後には次の腹の子どもが生まれるので、飼育下では生後18日目までに離乳する。次の出産の際に前の子どもたちがいてもいいのだが、子どもたちは母親の子育ての邪魔をしたり、生まれたばかりの幼獣のいる巣を壊してしまう可能性があるので、離乳後の子どもを別ケースに移動し、その前に新しいカヤに交換してあげる必要がある。最初に導入したメス個体はオスとの相性がとてもよく、かつ子育て上手だったようで、1年ちょっとの間に10回以上も出産した肝っ玉母さんであった。計2頭からスタートした動物園のカヤネズミは、5年経過したころには50～60頭の大コロニーとなり、増田先生と石若氏が立ち上げたカヤネズミの飼育展示は途切れることなく続いている（**図4-3、4**）。

●カヤネズミを飼育する

展示のところで少し触れたが、カヤネズミの飼育自体は難しいものではない。しかしネズミの仲間は総じて寿命が短く、カヤネズミの飼育下での平均寿命も2年程度と例外ではない。展示などのために継続して飼育するには繁殖させ続けなければならず、個体数が増えると管理も大変になる。まずは脱走しないケージを用意し、そこに床敷を敷き、直射日光や極端な高温・低温を避けられる場所に置く。エサは小鳥用配合飼料（アワやヒエなどの雑穀を混ぜたもので、殻付きの方を好む）、白米、麻の実などを混合して与え、タンパクなどの補給のためにマウス・ラット用ペレットも用意する。補食としてサツマイモやリンゴを与えるとなおよい。水切れに弱く、丸一日水を与えないと極端に衰弱したり、死亡したりする。こ

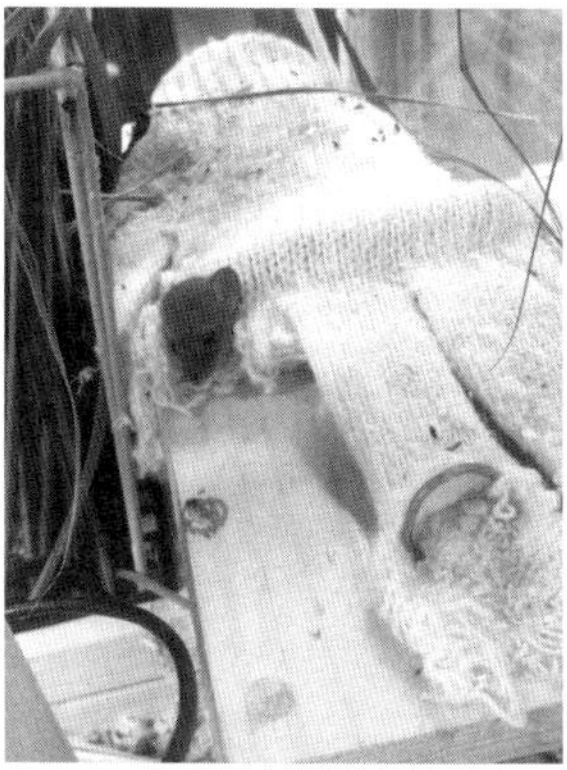

図4-3. カヤネズミケージ内部のリニューアルついでに増田先生・石若氏によるガイドイベント

子どもたちは小さなネズミに興味津々。

図4-4. 増田先生の傑作「手袋にカヤネズミ」

中は針金でフレームがつくられ、空間がキープされている。絵本『てぶくろ』（ウクライナ民話）をイメージ？ 残念ながら少しずつ齧られてバラバラになってしまった。

のあたりに気をつければとりあえず飼育は可能だ。しかし繁殖まで考慮すると、これ以上の工夫が必要になる。ケージはカブトムシなどを飼育するプラスチックケースの中サイズ以上のものを使い、中には稲藁や乾草など、巣をつくる材料になるものを多めに投入する（図4-5）。プラスチックケースを2段積み重ねて連結したケージをつくってみたとき、1段のものより出産率が高い傾向があった。

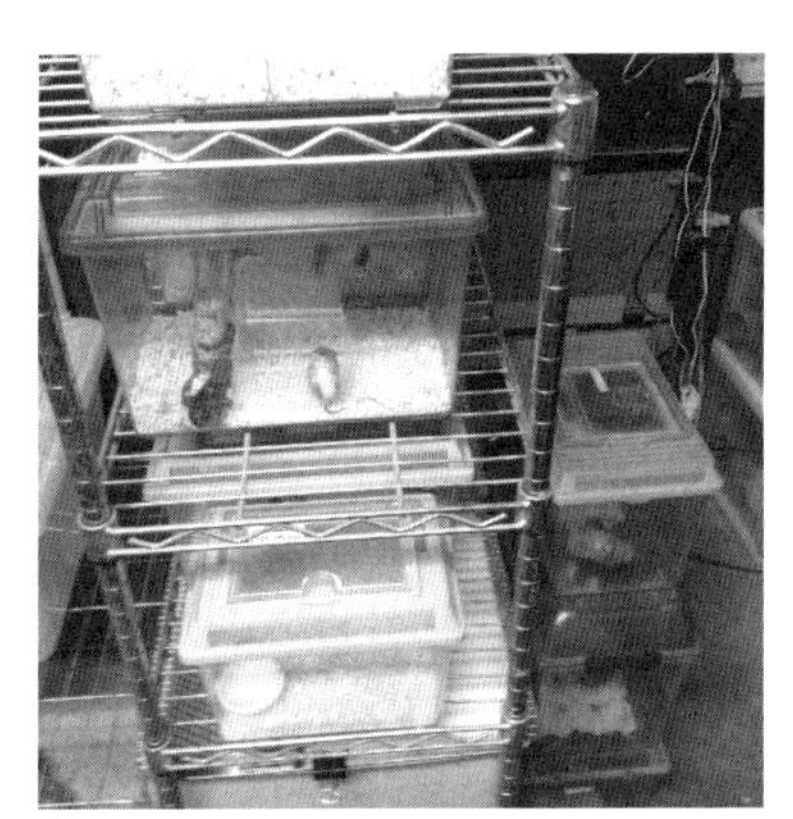
図4-5. カヤネズミのバックヤード
昆虫などを飼育する市販のプラスチックケースを使用。

より飼育下での繁殖成績を上げるために考えたのは、カヤネズミがある程度立体的に活動できるケージサイズ（特に高さ）の飼育環境では繁殖成績がよいのではないか、ということ。そこで、私はより省スペースでカヤネズミの繁殖率を高めそうなケージを考案した。その名も「100円ショップでつくれるケージ」である。使ってみると、どうやらプラスチックケースより落ち着くらしく、現在までの繁殖成績は悪くない。100円のものより少し背の高い200円の収納ケースを1つ（100円ショップに売っている）、専用蓋2枚、鳥小屋をつくったりしたときに出る5㎜目の金網の切れ端、事務用クリップ2個、材料は以上である。金網やクリップはその辺にあるものを調達したとして、ケージの材料費は約400円と、非常にリーズナブルだ。作り方は、まず2枚の蓋に、金網を張るための10×15㎝程度の穴を開ける。穴の部分に金網を挟み込むようにして、リベットやネジで蓋を張り合わせる。できた蓋をケースに乗せ、外れないようクリップで2カ所を挟んで完成だ。私はこのケージにオプションで覗き窓をつけたり、中にフィーダーや給水ボトルを設置しているが、今のところ自作カヤネズミケージの中では一番扱いやすいと思う。

カヤネズミを飼育していて悩まされる、一番厄介な存在は吸血性のダニの発生である。カヤネズミの血ってそんなにうまいのか?と思うほど、小さな体にたくさんの吸血ダニが寄生することが多い。授乳中のメスに大量につくと、子育てに失敗する率が高くなる。そんな理由でカヤネズミを含めた野生のネズミにはたくさん寄生虫がついている場合がほとんどなので、むやみに触れるのは避けるべきである。ダニがついているなら薬で駆虫すればいいと思うかもしれないが、カヤネズミは非常にデリケートで、他種のネズミが処方されても大丈夫な薬でもわずかな量で弱ったり死んでしまったりする。カヤネズミのダニの発生を抑えるためには、ダニの生活サイクルより短い期間で(頻繁に)床替えを行うのが得策だ。近年、開発などにより生息地の減少が報告されているが、農薬をはじめとする化学物質の使用などが原因で、カヤネズミがよりすみにくい環境にしてしまうことは避けなければならないだろう。

3 モルモット（テンジクネズミ）

ネズミ、といっても真のネズミではないが、動物園でモルモットを飼育していないところはない（図4-6）。それくらい飼育しやすく、人に従順で、かつ愛らしいということだろう。実はモルモット、知名度の割に日本人には認知されていないことが多いネズミでもある（しつこいがそもそもネズミでないけれど）。

「モルモット」といえば、たいていの人はどんな動物か理解してくれるのだが、モルモットの別の呼び名で動物園ではよく質問を受ける。来園者：「テンジクネズミって何ですか？」、飼育員：「モルモットのことです」。来園者：「へぇ～」。動物園では標準和名である「テンジクネズミ」と表記している場合もよくあり、来園者はモ

図4-6. モルモット（テンジクネズミ）（*Cavia porcellus*）の親子
（口絵 4-1、6 ページ）

ルモットではなくテンジクネズミという別の動物だとよく勘違いしているようだ。モルモットという呼び名は江戸時代、日本に初めてモルモットが持ち込まれた際、リス科のマーモットと間違えて伝わったことが語源とされている。英名は「guinea-pig」だと伝えると、「へぇ〜」。

●食べ物としてのモルモット

モルモットは扱いやすさや愛らしさもあってか、実験や愛玩目的に飼育されてきた動物だと思われがちだ。もともとは南アメリカで家畜化された動物で、その目的は食用だった。モルモットは草食性で、同じ草食性の小型哺乳類であるウサギよりも高い繊維消化能力をもっている。モルモットやウサギはウマやゾウと同じ後腸発酵動物であり、ウシのように大きく分かれた複胃ではなく、主に下部消化管である盲腸に共存している微生物によって、自らが消化・吸収できない難消化性の繊維を分解し、エネルギーに変換することが可能である。そのため、アンデス地方の人々にとって草や野菜屑などを与え、小型ゆえ省スペースで飼育できるモルモットは貴重なタンパク源だったのだ。現地ではクイと呼ばれ（クイという種も存在するが、アンデス地方でクイと呼ばれ食されているのはモルモットのようである）、揚げたり素焼きにして食べるらしい。我々がよく目にする一般的なモルモットは５００g〜１kg程度だが、ペルーではより短期間で大きくなる「スーパーモルモット」なる品種の作出にも成功している。スーパーモルモットは、なんと2kgに達するものもいるという。動物園でこの話をすると「うぇ～」とか「かわいそう～」とかたいていの人は言う。でも、ウシを飼いたくても飼えない、食べたくても食べられない環境に住む人はたくさんいる。そんなところで生きていくためのネズミと人との関係――そういうふうに捉えていただけると嬉しい。

●モルモットを飼育する

さて、モルモットは四肢が短くジャンプが苦手である。30cmの壁があると越えることはできない。南アメリカでは、低い囲いがあればどこでも飼育できるモルモットは優れた家畜だったのだろう。モルモットは先述したように草食だが、1つだけ他の草食動物と違うのは、ビタミンCを体内で合成することができない。そのため食餌中からビタミンCを摂取する必要があり、これは人をはじめとする霊長類も同じである。このことから、飼育する際には乾草だけやウサギ用の配合飼料（ペレット）のみを与え続けるとビタミンC欠乏を起こすので注意が必要。モルモットの妊娠期間は約60～75日、早成性なので生まれてくる子どもはまさに親のミニチュアである。1回に1頭から多いと5頭以上産むこともあるので、繁殖させるときは殖えすぎに要注意だ。ただ、モルモットの原種は本来、集団生活をしているといわれており、声を介したコミュニケーションや、複数頭個体の社会性の高い暮らしぶりを観察することも楽しい。動物園で数十頭まとめて飼育していると、一番空腹な午前中の給餌時間になり飼育員が小屋のドアノブに手をかけると、一斉にエサを催促するのか、キューキュー鳴きだす。その合唱はなかなかのもので、エサを与える直前に一番よく鳴く。以前私が家で飼っていたモルモットは、冷蔵庫からエサの野菜を出すガサガサという音を覚えて、大きな声でキューキュー鳴くようになった。その後、冷蔵庫を開ける音がするだけで鳴いてエサの催促をするようになってしまった。冷蔵庫を開けるたびの大合唱。結構大きな声で鳴くため、壁の薄い集合住宅でモルモットを飼育するのは近所迷惑のおそれもあるので要注意。

4 カピバラ

齧歯目という大きな括りでネズミをくらべてみたときに世界最大のネズミである。私は動物園で飼育されていた個体では、せいぜい40～50kgくらいの個体にしか出会ったことはないが、最大で70kgオーバーのものもいるらしい。主に南アメリカの水辺などにすんでいる。足の指には水かきがあり泳ぐのは得意で、毛は水に濡れてもすぐ乾くようになっているため、硬くごわ

ごわしている。

超人気者のカピバラ

動物園で断トツの人気を誇る動物がカピバラだ（図4-7）。齧歯目という枠を飛び越えて、動物園全体でも断トツの支持を得ている。カピバラを模したキャラクターは、子どもから大人にまで人気らしい。ネズミらしくないゆったりとした動きや、冬にはまるで温泉でのんびりしているおじさんのようにお湯に浸かっている姿が人気の秘密だろうか。カピバラはモルモットやヤマアラシの仲間であり早成性で、生まれた子どもはモルモット同様、親の後ろをちょこちょこついて歩く姿は、親のミニチュアだが、すでに体重は2kgくらいある。カピバラ好きでなくともつい「かわいい」と思ってしまう。

図4-7. カピバラ（*Hydrochoerus hydrochaeris*）
（口絵 4-2、6 ページ）

おいしいのはカピバラ?

さて、カピバラをかわいらしい動物としてではなく、私たちの「食」とからめてみよう。

1980年代の少しおもしろい論文を見つけた。川島ら（1985）の報告で、沖縄でカピバラを家畜として飼育するのはどうだろうか、というものだ。沖縄をはじめとする亜熱帯気候は冬期も温暖で、カピバラの飼育に適している。また、カピバラは草食性であり、ブタやニワトリのように人間の食料でもある穀類を飼料として与えなくとも飼育できる。さらにネズミの仲間であるがゆえに成熟も早い。ウシのと殺[注17]時の体重は約350kgであるのに対し、カピバラは30kgしかない。ところが枝肉[注18]にしたときの個体あたりの枝肉の割合はウシよりも高く、枝肉までの育成期間はウシの3分の1と短い。体重100kgあたりの年間生産量では、カピバラはウシの10倍も高いという。しかも水辺の動物であるため水草も食べる。私が動物園でカピバラ展示場の池にホテイアオイを浮かべてみたら、翌日にはきれいに食べられてなくなっていた。論文でも外来種であるホテイアオイを飼料として使おうと述べている。さらにウシの飼料として適していない草や、放牧地に不適な湿地帯も利用できる。皮は上質で加工しやすく、保温性に優れているらしい。しかも沖縄はヤギやブタなどの飼育の歴史が古く、獣肉が好まれる文化がある。肉や内臓などの利用法についてもアジア圏のそれに近く、日本の中でも食料としてのカピバラを受け入れやすいのではないか、と考察している。

利用できない資源を利用でき、かつ外来種（ホテイアオイなど）対策にもなり、人々のタンパク源となる。「沖縄でカピバラ飼おうぜ！」と思ってしまう興味深い内容なのだが、論文が発表されてから30年以上経過した現在、沖縄でカピバラが見られるのは動物園や観光施設だけである。一説にはカピバラの肉は「豚肉のようだ」と聞いたことがあるが、私は食べてみたことがないのでわからない。一度、動物園で死後に病理解剖されているカピバラを「肉」として観察してみた。まるでヒツジのような赤身で、ネズミとは思えないおいしそうな肉だったと記憶している。かつてテレビの動物番組によく出演されていた故 千石正一先生にお会いしたとき、現地で食べたカピバラ肉の味について話していただいたことがある。「どうして我々はウシやブタを食べると思う？ おいしいからだよ」。まあ、そういうことなのかもしれない。

この話を沖縄こどもの国 元園長の高田勝氏にすると、「それだったらパカだよ！ あっちの方がうまいんだから」と一蹴されてしまった。パカはメキシコからアルゼンチン北部の低地で見られる大型の齧歯類だ。パカの肉は豚肉と鶏肉があわさったような味で、ラテンアメリカの狩猟獣の肉では最高だとされている。牛肉よりも高値で取引されることもあるという。1985年にエリザベス女王がベリーズを訪問した際にもパカが食卓に供されたほどだ。パカは味もさることながら、見た目も美しい。体重6～14kgで、モルモットの脚を伸ばして大きくしたような体に、チョコレート色の被毛、そして南アメリカにいるバクのような白斑が入る。ネズミというよりは小型のシカの仲間ではないかと思うほど。パカはカピバラと違い、1回に子どもを1頭しか産まない。食用にするなら、ここがカピバラに劣るところだろうか。ちなみに日本中の動物園でカピバラは飼育されているが、日本で生きたパカが見られるのは伊豆シャボテン公園の1頭だけだった。残念ながらこの個体も2020年4月に死亡し、日本の動物園でパカは見られなくなってしまった。動物園業界でも生産性の低さはネックだったのかもしれない。

5 マーラ

長い前脚やウサギのような顔つき、大きさも中型犬くらいある。この動物がネズミの仲間だといっても、信じてもらえないかもしれない。アルゼンチンの乾燥した草地などにすむ、ヤマアラシ形亜目のれっきとした齧歯目だ（図4-8）。脚が長く、一見するとウサギか小型のシカのようにも見える。別名パンパスウサギと呼ばれるのも納得。このマーラ、認知度はそんなに高くないがその特異な容姿からか、意外と動物園で飼育されることが多く、遭遇する機会は少なくない。ウサギみたいにピョンピョンではなく、馬のギャロップのように跳ねながら走る。そのため非常に速く移動でき、そのスピードは時速45㎞にもなるといわれる。一夫一妻で、繁殖の際には1つの巣穴を1～15のペアが共有する。動物園では複数個体で飼育することもよく

図4-8. マーラ（*Dolichotis patagonum*）
まるでシカかウサギのような見た目（口絵 4-3、7 ページ）。

あるが、限られた空間では弱いオスがよく傷だらけにされることも。巣穴をつくるのは繁殖のときだけだとされている。

私が動物園で初めて飼育を任された動物の1つが、このマーラだった。出勤して朝一番にすることは、スコップを持ってマーラ展示場に向かい、マーラが全頭いるかを確認。その後、一晩で穴だらけとなった展示場を埋め戻すことだった。ときには一晩で地下から展示場の外まで地下トンネルをつくる大工事をやってのけ、大騒ぎしたことも（幸い脱走には至らなかった）。マーラは体重が10kg近くあり、齧歯目ではサイズが大きいにもかかわらず、非常に臆病で神経質だ。以前、宮崎の動物園ではあまり広いとはいえない飼育場に7～8頭（オスは4頭くらいいた）のマーラを飼育していたので喧嘩が絶えず、そのたびに捕獲して外傷を治療していた。これがまたひと苦労で、3人がかりで展示場の隅に追い詰めながら網で捕まえるのだが、とにかく逃げる。そして跳ねる。捕まえてからもネズミとは思えない力で暴れるので、マーラも飼育員も毎度大変である。お願いだから俺らと仲良くしてくれよと思ったものだ。当時、園長からマーラについて言われていたのは、過去にコンクリート床の部屋でマーラを捕まえようとしたとき、走った（跳んだ？）瞬間に背骨を痛めてしまった個体がいたらしい。だからマーラは走れる広さのあるコンクリート床の飼育設備で飼うことなかれ、と。それだけの強い力を地面に加えることで、あの俊敏な走りや跳躍を生み出しているのだろう。

マーラの魅力は容姿だけでなく、この俊敏なスピードを生み出す動きにもある。しかし多くの動物園ではあまり広くない飼育場で、前脚を伸ばして休息する独特のポーズをとってじっとしていることが多い。山口大学共同獣医学部の和田直己教授は、様々な哺乳類のロコモーション（移動運動）について研究している。宮崎にいらっしゃった際、マーラ展示場があるのを見て、マーラのロコモーションのおもしろさを教わり、その移動パターンが複雑かつ美しいものであることを知った。今まで散々追いかけ回していただけのマーラの走る姿が、急に美しいものになった気がした。後日、先生がメールをくれたときの1行目が「マーラ、元気ですか？」だったのに思わず笑ってしまった。もしマーラの展示場をつくるなら、本当の美しいマーラの姿を見ることができる施設にしたい。

6 走るアカネズミ・登るヒメネズミ

動物園飼育園館数ランキングでは真のネズミの中で1位にはなっているが、カヤネズミよりは日の当たらないネズミと思われるアカネズミと、その近縁種で世界最小のヒメネズミについて紹介したい。アカネズミやヒメネズミは*Apodemus*属（アカネズミ属）に分類され、日本には他にハントウアカネズミ、セスジネズミがいる。アカネズミとヒメネズミだけは日本にしかすんでいない日本固有種で、この2種は北海道から九州まで広く分布している。アカネズミの英名は「Large Japanese field mouse」、ヒメネズミは「Small Japanese field mouse」で、両種がセットで扱われているのがよくわかる。ヒメネズミは少し人里離れた森林にすんでいるが、アカネズミは森林だけでなく、畑や河川敷といった我々のすぐそばで生活している。

まず、はじめに言っておきたいことがある。彼らに対して、家ネズミの「ネズミ＝汚い」というイメージを捨ててほしいということだ。アカネズミの学名「*speciosus*」はラテン語で「美しい」を意味する。クマネズミやドブネズミは茶褐色で、これらの体毛は茶色一色というより、茶色に黒や白が混じった感じの色である。一方のアカネズミとヒメネズミは純粋な茶色、腹部は白色だ。この茶色は本当にきれいで、「赤い」と表現した日本人のセンスは改めて素晴らしいと思う。アカネズミを初めて見た人は、ネズミに対するイメージさえ変わるかもしれない。ただし、幼獣の体色はクマネズミの幼獣とさほど変わらない。成長するにつれ、背中のあたりから鮮やかな茶色に換毛し、やがて背部全体が茶色に変化する。

●アカネズミとヒメネズミの違うところ ～しょうゆとソース～

アカネズミだと大きな個体は体重が60gくらいになり、30g弱のヒメネズミとは大きさだけで区別できるのだが、中くらいサイズのアカネズミと特大サイズのヒメネズミだと、これらのネズミを見慣れていないと、なかなか区別は難しくなる（**図4-9**）。一番わかりやすいのは尾の長さだ。サイズが個体によって異なるから、実際の長さ（尾長）ではなく尾率（尾長÷頭胴長）で比較する。アカネズミでは1未満、ヒメ

図4-9. アカネズミ（左）とヒメネズミ（右）
実物はヒメネズミが小さい。画像だけでの識別は慣れないと難しい。

ネズミでは1より大きい。つまり、ヒメネズミは尾の方が胴より長いことで区別する。では尾が切れていたら？　ヒメネズミの方がアカネズミより眼球は小さめで、ある程度数をこなしていくと顔つきでわかるようになる。私の師匠、森田先生はいつもアカネズミは「しょうゆ顔」、ヒメネズミは「ソース顔」なのだと言う。何となくわかるような気はするが……。故 土屋先生の場合は「捕まえて鳴くのがヒメで鳴かないのがアカ」。

アカネズミとヒメネズミは同じ場所で生活することもあり、彼らはそれぞれの生活空間をすみ分けることによって競合を防いでいる。アカネズミは主に地上で生活するが、ヒメネズミは樹上でもよく活動し、立体的に行動する。ヒメネズミの長い尾は、木の枝を移動するときのバランスをとるために役立つ。そのためか、ヒメネズミは木に設置した巣箱も頻繁に利用する。巣箱を使った野生動物調査では、貯食されたドングリや枯れ葉を集めた巣などに遭遇することもあり、場合によっては子育て中のヒメネズミ親子に出くわすこともある。

少し脱線するが、ネズミの長い尾はたくさんの骨（尾椎）からなり、皮膚とは丈夫な線維質でガッチリくっついている。標本作製の際は、この尾の付け根の組織を分離しておき、尾の付け根に向かって骨の部分を引っ張ると、スポッと皮だけ残して尾の中身が抜けてしまう。しかし、ネズミの種類によってこの抜けやすさは違う。大型のドブネズミなどは手で引っ張るだけでは抜くことはできない。逆にアカネズミやリス、ヤマネなどはいとも簡単に抜けてしまう。

尾の組織と皮膚の結合具合に違いがあるのだろう。この尾の抜けやすさは、天敵に襲われたとき、尾の皮膚の一部を脱落させることで捕食を回避しているものと思われる。この場合、トカゲと違い一度脱落した尾の皮膚が再生することはなく、皮膚が抜けてしまった部分はやがて壊死し、尾椎（骨）ごと脱落してしまう。野生で捕獲調査をすると、尾の短い個体に遭遇することがあるが、生死の修羅場を潜り抜けた屈強な個体なのかもと想像を巡らせてしまう。飼育下でもケージ交換などの際、アカネズミやヒメネズミの尾は根元から持たないと、自身の体重や彼らが動くことであっさりと抜けてしまう。そのため、掃除などの際にはお茶の缶のような筒状のものの中に追い込み、捕獲するのがベストだ。逆に家ネズミのドブネズミ、クマネズミ、ハツカネズミや、カヤネズミ、ハタネズミの仲間は尾椎が折れることはあっても、皮膚が抜けることはほとんどない。

●強敵？ 動物園でのアカネズミとヒメネズミの展示

アカネズミは日本では研究者も多く、野生下での生態は他種の野ネズミたちにくらべて比較的明らかにされている。ヒメネズミに関しても情報が少ないわけではない。また、動物園での飼育数も多い。さらに、飼育が難しいわけでもない。それにもかかわらず、展示となると別の話になる。カヤネズミと異なり神経質な部分もあるが、それにしてもまあ、両種とも動かない。いくつかの動物園では、照明を落とし、周りの環境を暗くしたりすることで、木の枝の上に置いたリンゴを食べる様子や回し車を回す様子などが観察できることもある。しかし、ことアカネズミに関しては、いくら照明を工夫したとしても、なかなか動く様子は観察できない。動かなくはないけれども、ガラス越しにのぞき込む来園者に驚いて反応しているだけのようだ。たいてい自分の落ち着く場所にただ座り込んでいる、そんな感じである。

かつて、人間の存在に影響されず活動するヒメネズミの様子を展示しようと、光周期を昼夜逆転させた遮光ボックスの中に、ヒメネズミを入れたケージと赤外線撮影カメラを設置してみたことがある（**図4-10**）。すると、普通に展示するよりとてもよく動くヒメネズミが観察できた。でもしばらく考えてみた。……よく考えたらこれはただのライブ映像じゃないか！これだと現在の発達したウェブ動画と変わらない。失敗だ。何度か試行錯誤を繰り返し、展示ケースをつくってはみたが、頻繁に動くアカネズミとヒメネズミの展示はうまくできなかった。

一方で、動かないことを逆手にとった展示を試みたこともある。巣箱の一面をアクリルやガ

図4-10. ヒメネズミの昼夜逆転展示ボックス（蓋を開けた状態）

ヒメネズミの様子を赤外線カメラで撮影し、モニターに映し出す。

ラスのような透明な素材にして、中身が見えるようにしたものは目にしたことがあるし、実際にやったこともある。アカネズミの場合、休息時間である日中は土の中に穴を掘り、巣をつくって休んでいることが多い。巣箱を地べたに置けば利用するだろうが、それは生態を再現しているとはいえないし、リアルさに欠ける。そこで、奥行きが5cmしかない、薄いアクリル製の透明ケースをつくって中に土を入れ、そこに1頭のアカネズミを放してみた。するとアカネズミはすぐに穴掘りを始め、翌朝には巣ができていて、そこで休んでいる姿も観察できた（図4-11、12）。「やった！ 成功だ！」と思った。しかし中に入れた土は日に日に乾き、ついに巣は崩落してしまった。自然にくらべ、そのほんの一部を切り取った程度の展示ケースでは、温度や湿度の管理は難しい。というかできない。何度かそれを繰り返していたら、アカネズミが突然の崩落で生き

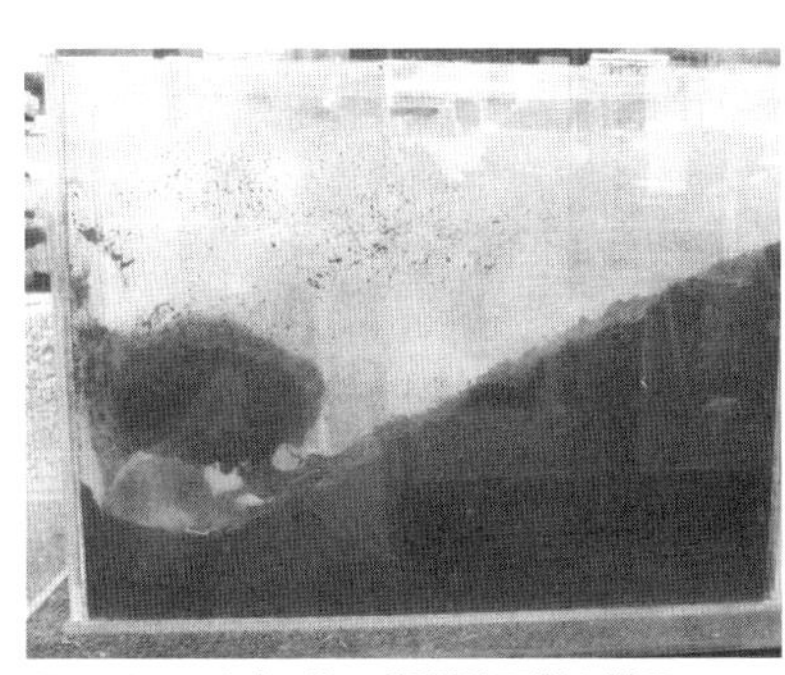

図4-12. アカネズミの擬似地下巣の様子

天井の土はケージに挟まっているだけなので、ときおり崩落してしまっていた。

図4-11. アカネズミの地中に掘った巣を再現した(?)展示

埋めになる事故（幸い私が気づいてアカネズミは救出）まで発生。どうしようか悩んでいたとき、「金網か何かで支えたら？」とアドバイスをもらった。なるほど。炭鉱の採掘トンネルで出てくる、木の支えみたいなやつか。そこで薄く敷いた土の上に5㎜目の金網をL字に曲げ、ケース内の巣をつくるであろう位置に設置し、さらにその上から土を入れてみた。翌日、思惑どおりアカネズミは金網の下に巣をつくっていた。アドバイスのおかげで土の崩落の危険はなくなり、土交換の頻度も減っていった。ただ、時間の経過につれて、どうしても透明の観察面の内側が土で汚れて見えなくなってくる。ここをどうするかは課題である。ちなみに、アカネズミと同じ地上生活をしている近縁種のトゲネズミで、同じ構造のひと回り大きいケージをつくって試してみた。ところが、期待とは裏腹に、トゲネズミはケージには出入りするものの土を掘ることすらしなかった。トゲネズミはアカネズミとは違って木のうろなどをねぐらにしているのかもしれない。

●アカネズミとヒメネズミを飼う・殖やす

アカネズミとヒメネズミの展示はなかなか難しい。反対に飼育はさほど難しいものではない。飼育用ケージや水槽に床敷き（木のチップ）を敷き、水とエサ（実験動物用ペレット：マウス・ラット用でＯＫ）を用意するだけで可能だ。この単純なセットで、野生化では寿命1年程度といわれる彼らも、単独飼育で４～５年という長期飼育ができる。マウスなどと比較して跳躍力があること、尾が切れやすいこと以外は特に難しいことはない（ハンドリングだけが非常に難しい）。

ところが、飼育下繁殖となると別の話になる。マウスやラット、ハムスターなど、古くから飼育・繁殖されてきたネズミたちがいること、そして「ネズミ算」という言葉などから、オスとメスを同居させて飼っていればどんどん殖えていくという誤解をされがちだ。野ネズミの多くはそう簡単にはいかない。ましてや野外から捕獲、導入された個体はなおさらだ。いくつかの動物園では飼育下繁殖の例も報告されているようだが、繁殖条件や累代飼育できているかなど見てみると、その技術は確立されているとはいえない。実験動物としての高い有用性も古くから評価されているが、この累代飼育の難しさが障害となっている。

アカネズミの飼育下繁殖の難しさは、繁殖の引き金となるもの、日の長さ・環境温度の変化・雌雄間の関係性など、様々な要因があるようだ。また、アカネズミはマウスのように、年中発情周期が回り続けている（周年繁殖）わけではなく、繁殖状態のＯＮ・ＯＦＦスイッチがあり、ＯＮのときにようやく発情サイクルが回り始めるらしい（季節繁殖）。しかも繁殖ＯＦＦ状態のときは、オスは精巣が退縮、メスは膣が閉じてしまう。つまりは交尾行動ができないようになっている。

この繁殖のスイッチだが、オスに関しては比較的あっさりとONになる。細かくはわからないが、オスは発情したメスがいればすぐに交尾できるようスタンバイしているらしく、よほど環境条件（食物・温度など）が悪くない限り、精巣は肥大している。九州地方の低地ではアカネズミの繁殖期は秋〜翌春にかけてといわれている。夏は非繁殖期であり、繁殖スイッチはOFFになっていて精巣も退縮していると思われていたが、最近、野外で7月にも精巣の肥大したアカネズミが見つかった。また、飼育下では多くのオスが年中精巣肥大している。

一方のメスはというと、オスとは違い繁殖のスイッチがONにならない個体がよくいる。ネズミを含む実験動物を扱う施設の場合、温度や日長は人工的な飼育条件下（エアコンやタイマーによるライトコントロールなど）に置かれる。アカネズミ類は繁殖期とされる時期に、野外を疑似再現した環境条件（光・温度）においても膣開口しない個体がかなりいる。そんな背景もあって、アカネズミ・ヒメネズミは日本固有種で、かつ日本全国に分布しているにもかかわらず、飼育繁殖が難しい野ネズミとされてきた。

そんなアカネズミの飼育下繁殖に、私も何度か挑戦した。野外から捕獲したものよりはストレスに強いといわれている持ち込み腹[注19]で生まれた、オス2頭メス2頭でペアリングを試みた。50㎝四方くらいの大型のアルミ製実験動物用ケージを改造し、中に巣箱を3つ入れた。日長は窓からの自然光を取り入れ、温度もエアコンを使用しないそのままの自然な温度の飼育室にケージを置いた。日常管理はエサと水を与えるだけにとどめ、極力干渉しないようにした。1カ月半くらい過ぎただろうか、ふとケージを見ると、前の個体より黒っぽいのが2～3頭チョロチョロしている。代わりにオス親が1頭減っている。死んでしまったようだ。なんとか第1世代の繁殖にはこぎつけたらしい。しかし、この後は継続せず、わずか1世代で途絶えてしまった。

何となくやっていたら偶然うまくいったというだけで、その後飼育が継続できなければ寿命の短いネズミの飼育は意味がない。土屋（1979）の報告では、人工的に管理された照明や温度の下でも、夜間に環境温度を数℃程度下げることでよい繁殖成績が得られたという。土屋先生の方法はある程度の設備が必要で、動物園でさえも簡単に準備できない。これら過去の研究者の知見も踏まえ、宮崎大学の坂本信介先生と学生（当時）の酒井悠輔氏のコンビが、アカネズミをより確実に飼育下で繁殖させる技術を確立させるための研究に取り組んだ。

彼らの方法は私のようにかなり広い空間（大型の飼育ケージ）ではなく、比較的コンパクトなマウス・ラットの飼育ケージに、ベニヤ板に穴を開けた中蓋を加えただけの、きわめてシンプルなものだった（図4-13）。野生のアカネズミがつくる地中巣を疑似再現したものだ。この簡易的な地下巣の再現は、驚くべき効果を発揮する。中蓋を設置したグループは設置しなかったグループよりも繁殖率が高くなった。この結果について、繁殖の引き金と考えられていた日長や温度変化だけでなく、中蓋を設置したことによって外部からの刺激に対するストレスが軽減されたことも一因ではないか、と考えられている。この繁殖とストレスの関係についての考察は、後に動物園で取り組むこととなるアマミトゲネズミの飼育下繁殖に大きなヒントを与えてくれる。

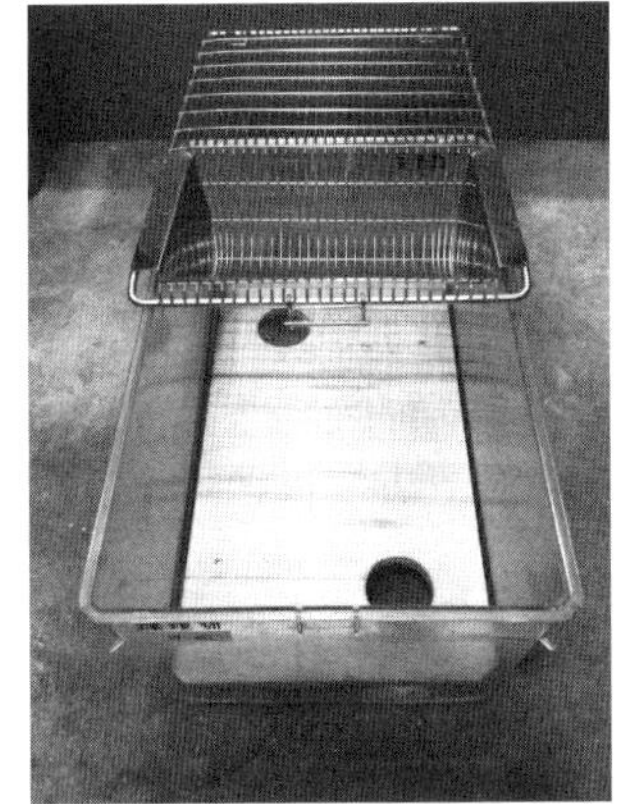

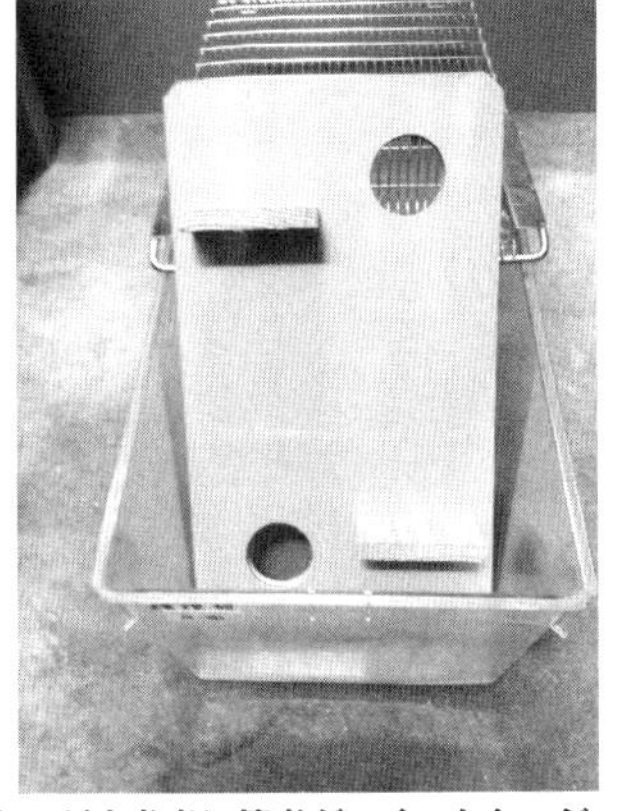

図4-13. 坂本先生のアカネズミ繁殖ケージを参考に筆者がつくったケージ
左：木製蓋の下に床敷（ウッドチップ）を敷き詰めるとアカネズミは巣をつくる。
右：ケージの蓋を裏側から見たところ。板の重みで沈まないようにゲタ状の支えをつけた。

7 日本の希少ネズミを絶滅から救えるか

●アマミトゲネズミを捕まえに行く

２０１７年１月。窓からのぞく海にはサンゴらしきものが見えるものの、期待していたコバルトブルーの穏やかな南の海というよりは波は高く、ダークブルー。私は間もなく着陸予定の奄美大島行きの飛行機の中だ。環境省と（公社）日本動物園水族館協会（ＪＡＺＡ）が連携してトゲネズミ類の生息域外保全を実施する事業で、いまだ（当時）成功していないトゲネズミ３種（オキナワトゲネズミ、アマミトゲネズミ、トクノシマトゲネズミ）の飼育・繁殖技術を確立することが目的である。その第１段階として、アマミトゲネズミの域外保全事業に取り組むことになった（図4-14）。まずは東京都恩賜上野動物園、埼玉県こども動物自然公園、宮崎市フェニックス自然動物園の３園共同でスタートした。飼育繁殖に用いるアマミトゲネズミのファウンダー[注16]を確保するため、私は奄美大島

図4-14. トゲネズミのイメージ
トゲネズミはこんな見た目だと思われている？

を訪れた。アマミトゲネズミ域外保全事業では、各飼育園館がそれぞれ試行錯誤を繰り返し、それをさらに情報共有しながら繁殖成功へと結びつけていった。ここではその中の一部、私が宮崎市フェニックス自然動物園で経験した取り組みについて紹介したい。

巨大ハブとの遭遇

捕獲作業は奄美入りした翌日から行われた。大量のトラップを車に積み込み、舗装もされていない林道を抜けていく。宮崎でよく行ったヤマネ調査を思い出し、思わずテンションが上がる。奄美大島は亜熱帯海洋性気候であり、南国宮崎よりもさらに暖かく、冬も10℃を下回ることは少ないという。植生は違うが、宮崎の照葉樹林に雰囲気は似ている（図4-15）。捕獲地点に到着後、トラップの準備をして、ぬかるみでも滑らないスパイクつきで猛毒のハブの牙を通さない特殊繊維でできた長靴を履き、森に入る。前年の2016年には115年ぶりとなる雪が降ったそうだが、捕獲日はかなり暖かかった。あまり寒いとトゲネズミは捕まらないらしい。反対に気温が上がるとトゲネズミの天敵であり、我々も一番出会いたくない毒ヘビ、ハブも動き出すという。

トラップを設置する作業にも慣れてきたころ、数m横にいたメンバーの1人が叫んだ。「ハブがいまーす！」九州でもマムシやヤマカガシなどの毒ヘビには何度も遭遇したし、私自身、

図4-15. 奄美大島の森
見慣れないシダの仲間に亜熱帯らしさを感じる。若い木がとても多く生えており、トラップを持って前に進むのはひと苦労。

図4-16. 我々を出迎えてくれたハブ
2mくらいはあった（白線内）。

爬虫類も好きで個人的にも飼育したこともあり、そこそこヘビには慣れていたのだが、デカイ。2mくらいはあっただろう。ハブは最大で2・4mくらいらしいから、なかなかビッグサイズだ。しばらくするとスルスルと器用に木に登り、やがて消えていった（図4-16）。一緒のチームにいた宮崎大学の先生が、「どうしたんや。テンション下がっとるやないか」と笑う。この出来事以降、斜面を登り下りする際、木に手をかける前、何度も確認をしたことはいうまでもない。今まで出会ったことのあるマムシはハブほど大きくないし、ヤマカガシは臆病で、姿を見せてもさっと茂みの中に逃げてしまう。いやいや、あんな大きいのが頭の上から落ちてきたら終わりだよ……とドキドキしながら作業を再開した。

図4-17．ついに出会えたアマミトゲネズミ（*Tokudaia osimensis*）
この個体は捕獲・計測後、奄美の森に再び放された（口絵 4-4、7ページ）。

早速アマミトゲネズミに出会う

翌日、早朝から宿泊先を出発し、トラップの点検に向かった。そう簡単に捕獲できるものでもないということは聞いていたし、私自身も普段ネズミ採集に行って仕掛けたトラップのうち、1割捕獲できれば上出来だった。1個目、反応なし。2個目、反応なし。3個目、……!? トラップの蓋が閉まっている。なんと森に入ってすぐにトゲネズミ1号と出会った（**図4-17**）。感激しながらも、それぞれ仕掛けた残りのトラップの見回りに向かう。しばらくして、また入っている、また入っているということが続き、わずか1日で捕獲目標数を達成してしまった。奄美で定期的に捕獲調査が行われているなかでも、どうやら今回はアマミトゲネズミの個体数が急増した年に当たったようだ。

奄美大島では、2005年に環境省が取り組み始めたマングース駆除事業の効果もあり、2000年には1万頭といわれたマングースは2018年には50頭以下にまで減った。奄美大島における生態系内で、アマミトゲネズミを含めた在来種にとって本来天敵として存在しなかったマングースの減少は、アマミトゲネズミに好適な環境をもたらし、個体数増加の一因となったことは間違いない。このような快挙が絶滅危惧種のアマミトゲネズミでみられたことは喜ばしい。なお現在はマングースに代わり、野生化したネコ(ノネコ)が問題となっている。

話を戻して、アマミトゲネズミのファウンダー捕獲は目標数に達したため半分の日程で終了となり、予定を切り上げて私はアマミトゲネズミとともに宮崎に戻った。

●アマミトゲネズミの飼育開始

トゲネズミの飼育下繁殖を目指し、研究者らが過去にチャレンジした例は少しはある。しかし、長期飼育はできても繁殖については成功しなかった。トゲネズミは日本の動物園ではまったく飼育経験がなく、わずか数例の過去の貴重な報告を参考に飼育条件を設定する、ほとんどが手探りの状態からスタートした。

隠れ家に悩む

宮崎に無事到着したアマミトゲネズミは、それぞれ個別のケージに収容することにした。まずは飼育環境に慣れるまでが第一段階なので、過去の報告にある飼育法をお手本に飼育を始めた。マウス・ラット用ケージに床敷（ウッドチップ）を敷き詰め、隠れ家と巣材を入れただけのシンプルなものだ（図4-18）。飼育室の温度は他の小型哺乳類を飼育できる温度と同じ20℃くらい。光は窓からの自然光だけを予定していたが、窓からの光量だけでは予想以上に暗く、奄美の森の中より暗いくらいだったので日中は補助的に蛍光灯も点灯させることにした。

隠れ家用の塩ビパイプは、奄美で捕獲した個体を一時飼育する際の出来事がきっかけで設置を決めた。一時飼育施設へ搬入直後、捕獲されたばかりのトゲネズミはどこか落ち着きがなかった。そこで隠れ家として、筒状の

図4-18. 飼育開始時のトゲネズミ飼育ケージ

左：マウス・ラット用ケージに塩ビパイプ、巣材を入れた。
右：導入直後は給水ビンから飲水しないので、水入れの容器を入れている。

「何か」を入れてみようということに。しかし私たちがいたのは市街地から離れた山の中。何かないかと探したところ、空き缶が目についた。早速、空き缶をケージに入れた後しばらくして様子を見に行くと、多くの個体は缶の中でじっとしていた。後になってさらに分かったが、体重を計測するときなどトゲネズミを捕まえる必要がある際、パイプの中に隠れているとそのまま手で蓋をしてしまえば、パイプごとネズミを容易に移動することもできた。

エサに悩む

導入直後から一番悩まされたのは与えるエサだった。過去の報告では、奄美で彼らのエサ資源とされているスダジイの実を基本にリンゴを与え、徐々にマウス・ラット用固形飼料に移行したそうだ。トゲネズミも最終的には人工飼料で飼育可能だという。しかし、結果として繁殖にはつながらなかった。そこで、トゲネズミの飼育下繁殖においても「エサ」が1つのポイントであることが考えられた。私たちはトゲネズミのエサについても再検討する必要があると考え、まずはトゲネズミに適したエサ候補を見つけるため、昆虫、リンゴ、サツマイモ、小鳥のエサなど、とにかく思いつく限りいろいろなものを与えてみることにした（図4-19）。

野生下で食べているとされるスダジイの実はすべての個体が食べた。次いで嗜好性が高かったのは昆虫（ミルワーム［チャイロコメノゴミムシダマシの幼虫※］とジャンボミルワーム［ツヤケシオオゴミムシダマシの幼虫※：ミルワームの2倍以上大きい」）だった。中には頑なにスダジイ以外は口にしない個体もいたが、徐々にシイの実の給餌量を減らして他のものを増やしていく方法で、エサを切り替えていった。大好物のシイの実は奄美から入手し、冷凍保存したものを与えた。シイの実は現地で秋に奄美の人々が拾っている自然のものであり、栽培されているものではないため、貴重なエサだった。そのため、トゲネズミの飼育下繁殖の技術開発をするうえで、シイの実に代わるエサを考案することは必須だった。

※爬虫類や熱帯魚用の活き餌として、ペットショップなどで容易に入手できる。

図4-19. トゲネズミのエサ

マウス・ラット用固形飼料、シイの実、麻の実、ヒマワリの種、リンゴ、サツマイモ、ミルワーム、ゴキブリなど。

●飼育下繁殖を目指した飼育へ ～手作りで飼育ケージ開発～

この時点では、今までに報告されたトゲネズミの飼育に多少のアレンジを加えただけだ。日長や環境温度をより自然に近くする他にも、もう少し手を加える必要がありそうだと思った。まずは飼育ケージについて。今までのケージの大きさはアカネズミで繁殖する最低限のサイズだ。トゲネズミの体はアカネズミの3倍ほどあり、このままでは狭い。かといって宮崎のトゲネズミ飼育スペースは限られていて、この中でどうにか繁殖まで狙える飼育ケージを用意するしかない。アカネズミの繁殖成功の要因の1つとしてストレスの軽減もあると考えられていたこともあり、アカネズミに用いられた疑似地下巣の手法も取り入れることにした。基本構造はこのアカネズミ飼育ケージの考え方に則るとして、何をどのようにしてケージをつくるかだ。ネズミ用のケージといえば、市販されているものは実験動物用かペットのハムスター用くらいしかない。いっそのこと大きいガラス水槽の側面を割って軽いアクリルに交換するか。でも6ペア分も準備できそうもない。私が大好きなホームセンターに何度も通い、入手や加工、コストなどを考慮しながら試行錯誤すること数週間、2種類のトゲネズミ繁殖用ケージが出来上がった。

1つ目のケージは、爬虫類を個人で飼育する人がよく使う園芸用ガラス温室を加工したものだ（図4-20）。私も樹上棲トカゲの飼育に使ったことがあり、そこで思いついた。

もう1つのケージは、プラスチック製コンテナボックスを加工したものだ（図4-20）。左右側面には塩ビパイプがついていて、複数のコンテナを連結することでケージの拡張が可能な構造になっている。内部には木のチップと乾草を混ぜたものを敷き、ベニヤ板の中蓋を被せた。これらのケージは後々、トゲネズミや管理する人間の都合で少しずつ手を加えられ進化していく。

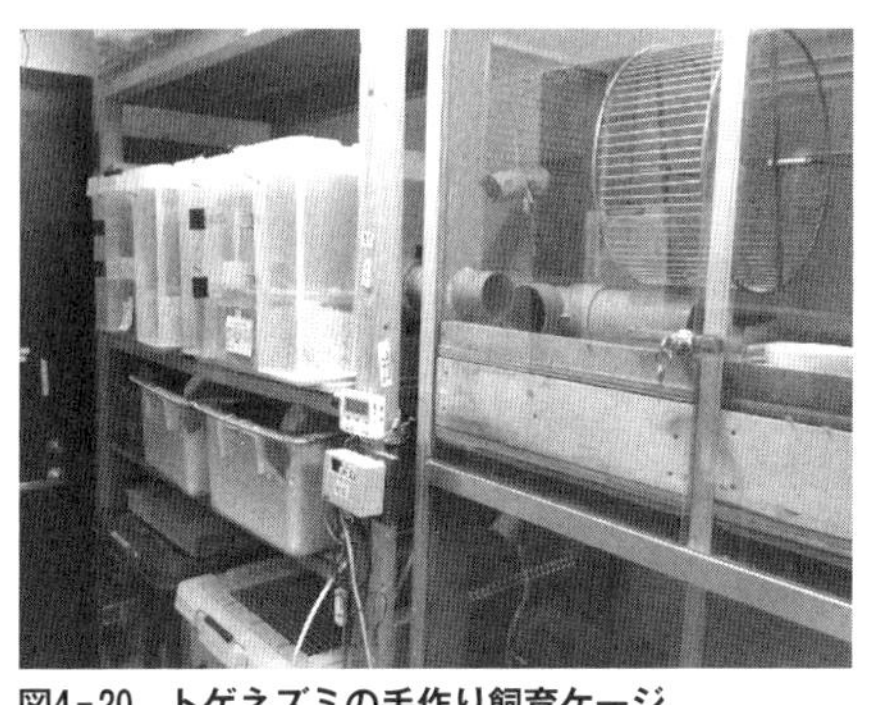
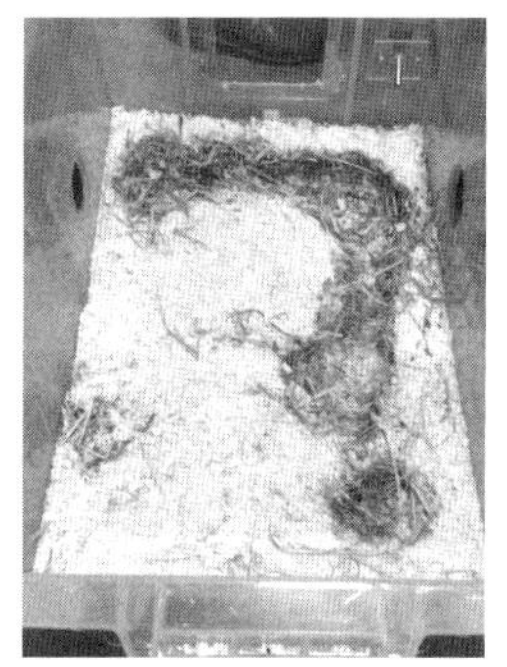

図4-20. トゲネズミの手作り飼育ケージ
左手前：ガラス温室改造ケージ。手前に見えるのはトゲネズミたちに好評の回し車（ホイール）。
左奥上段：初代のコンテナケージ。隣のコンテナとは直径65 mmの塩ビパイプを通って行き来できる。
右：コンテナ内の蓋を外したところ。トゲネズミが乾草とウッドチップを適度に混ぜてトンネルをつくっている。

●飼育開始早々、悩まされる
～太りすぎチュウい？～

トゲネズミの飼育を開始して2カ月ほど経過したころ、悩ましい事態に直面していた。トゲネズミの飼育を開始して間もなく、ほとんどの個体の体重が異常ともいえるスピードで増加してしまった（図4-21）。奄美大島からトゲネズミを導入する際、繁殖の可能性が高いなるべく若そうな個体（体重が70～80 g）を中心に選抜してきた。成長期であり、かつ野生よりも栄養に富んだエサを与えられ、野生下よりは運動量も減っているであろうから、太ってしまっても不思議ではない。けれど、そのスピードが半端ない。わずかの間に体重が飼育開始時の1・5倍くらいにまでなり、その後も体重はさらに増え続けた。

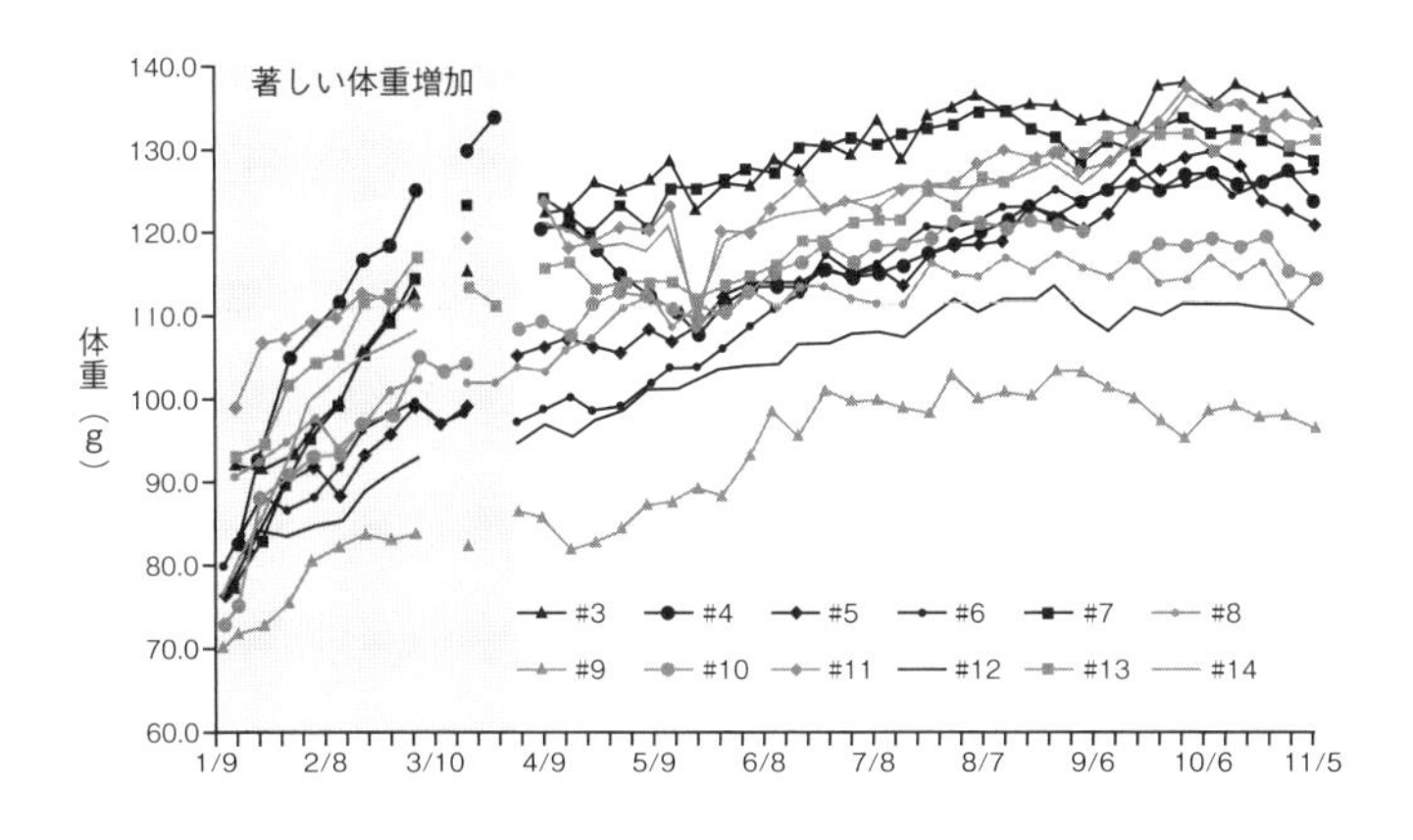

図4-21. アマミトゲネズミの体重変化
導入直後から急激に体重が増加し、肥満傾向にあるのではという疑問を抱かせることになる。

当時、野外調査で得られたデータから予想されるアマミトゲネズミ成獣の一般的とされる体重を、この飼育下のトゲネズミたちは大幅に超えていた。また畜産領域などでは、肥満が繁殖障害の一因となることが指摘されている。

ここまで考えると、体重を制限する方がよいと考えるのが普通だと思う。しかし、私は逆の方針をとることにした。これには少し理由がある。カヤネズミを飼育していると、生まれてくる個体のサイズにはばらつきが出てくる。はじめは適当にその中からペアをつくり繁殖に臨んでいたのだが、どうも小さい個体は繁殖成功率が低い。体重と繁殖成績を記録していなかったので根拠をもって説明することはできなかったが、よくよく調べてみるとヒメネズミやスンクス（ジャコウネズミ）も同様の傾向がある。どんな動物でも「繁殖」は生きている中で一番エネルギーを消費するステージだ。エネルギーが余分になりやすい時期、すなわち極端な低温・高温に曝されることなく、エサ資源の豊富な時期が多くの動物にとって繁殖期である。日本のような温帯では春または秋、降水量の少ないサバンナなどの場合、植物の生育しやすい時期である雨期がこれにあたる。自分の体のエネルギー収支に一番余裕のある状態のときに繁殖しようとするのは、生き物が生まれながらにもっている本能だろう。亜熱帯海洋性気候にすむトゲネズミの場合、繁殖期は冬だと考えられている。でも私たちが取り組むのはあくまで飼育下であり、温度や生活環境まで野生を完全に再現できているわけではない。そこで、個体の栄養が一番繁殖に適した状態を目指してみたというわけだ。私の飼育経験を元にしただけの、一か八かの作戦で進めてみることにした。

●またすぐ悩まされる ～冬にトゲネズミが強制ダイエット!?～

過去に報告されたトゲネズミの飼育環境は、主にライトやエアコンといった、人工的に日長や環境温度がコントロールされたいわゆる実験動物と同じ飼育環境だった。そこで動物園での取り組みでは、より自然に近い日長や温度で飼育を試みることになった。窓から自然の光を取り込み、なるべく人工の照明を使わないようにした。困ったのは温度だ。アマミトゲネズミ生息地の奄美大島では、冬に0℃を記録することもあるという。宮崎は飼育園の中で一番南にあり生息地に近いから、加温や冷房なしの自然温度でいけるんじゃないか、という意見もあった。しかし、トゲネズミが自分に最適な環境を選べるかどうか、自然と飼育下で大きく違う。寒いと地中数十㎝に穴を掘って地下で過ごすこともあるかもしれない。地中は自然が生み出した断熱材であり、地表が凍りつくほど冷たくても、30㎝ほどの地中温度を測ってみると10℃以上のこともあり、意外と暖かい。飼育ケージの中に詰められているのは厚さわずか10㎝ほどの木のチップと乾草であり、かつ厚さ数㎜で断熱性の低いプラスチックのコンテナの中は、地中とは比べ物にならないくらい体温維持は難しいに違いない。

そこで飼育環境温度の下限を設け、以前より大幅に環境温度を低くした。それでも耐えられない場合を考慮し、ケージの一部にはヒーターを設置することにした。すると、あれだけ増加を続けていた体重が減少し始めたのだ。採餌量が減っているようだ。体温維持にエネルギーを必要とする冬期の低温環境下では、トゲネズミが死んでしまっても不思議ではない。

不安になった私は、カロリーの高いエサなどを多めに与えてみたが、体重減少は続いた。ところが、環境温度を大幅に低く設定した後の2017年12月、宮崎で飼育下初となる交尾行動を観察した（図4-22）。残念ながら妊娠には至らなかったが、今まで観察することのなかった交尾行動は、環境設定が何かしらのきっかけとなったのかもしれない。ただ、温度は野生下でトゲネズミが経験するほどの変化は必要なく、夏より数℃低下することでスイッチが入るのではないだろうかとも思う。亜熱帯に生息するトゲネズミにとって、寒冷ストレスに対しては生息地の環境がクッションになってくれているみたいだ。奄美大島より緯度の低い中東やアフリカに生息するトゲマウスにくらべて、突発的な環境悪化に対して柔軟に適応する生理機能は低い気がする。自然環境にくらべて環境選択ができない飼育下において、トゲネズミは野生環境のごときリアルな環境温度の再現を克服できず、むしろ必要ないのかもしれない。

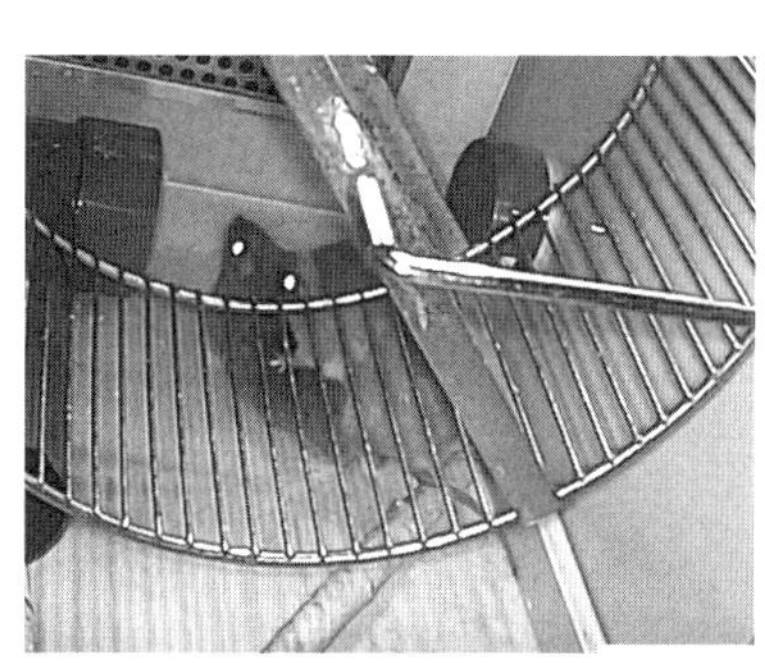

図4-22. 飼育下で初めて観察された交尾行動（2017年12月）
残念ながら妊娠・出産には至らなかった。

●トゲネズミ小屋2号とトゲネズミケージ2号

その後も頻繁に交尾行動を観察したが、まったく妊娠・出産に至らなかった。そこで、トゲネズミにとってより自然に近い環境を提供できるよう、新たに屋外に飼育ケージを設置することにした。全周囲を金網で囲い、その中に小型の飼育ケージを設置する。ほぼ完全な屋外オープンケージになるので、宮崎の自然日長と環境温度を利用できると考えたのだ。温暖な宮崎であれば、このまま加温・冷房せずに飼えるのではないか。

しかし、完成した屋外施設の手直しをしていると、かなり寒い。「いくら宮崎でもこの寒さは、トゲネズミには耐えられないのではないだろうか……」と思うようになり、実際に温度データロガー[注20]を使って気温の計測をしてみた。その年の冬は例年より寒く、軒下とはいえ0℃付近まで気温は下がっていた。やはりこのままでは確実にトゲネズミは死んでしまうだろう。そこで、周囲と天井をパネル（プラダン）で覆うことにした。それでも夜間の温度はかなり低く、結局、無加温飼育は諦めてヒーターを設置した。4月に入り暖かくなってくると宮崎の日差しは急に強くなる。5月にはもう日中30℃くらいまで上昇してしまう。結局クーラーも設置し、より自然環境に近くなるはずだった屋外飼育ケージは冷暖房完備になってしまった（**図4-23、24**）。

また、飼育ケージの方も連結部をより大きくしてネズミが楽にコンテナの行き来ができるようにしたり、地下巣部には巣箱を板の下に設置し支えにすることで、板の重さによる地下部分の沈み込みを防ぐなどの改良を加え、トゲネズミケージ2号も誕生した（**図4-25**）。

●そのときは突然やってきた

新たな飼育施設も完成し、改良したケージにトゲネズミを移動した。今度こそ繁殖してほしいと思いながら悪戦苦闘しているうちに、気がついたらいつの間にか5月になっていた。宮

図4-23. 飼育開始２年目に完成した屋外飼育小屋（ケージ）

左：手作り感満載の仕様。ここで後に飼育下アマミトゲネズミの初繁殖が確認される。
右：屋外ケージ内部。飼育ケージを置くと作業員１人の隙間くらいしかないとても小さな施設だ。

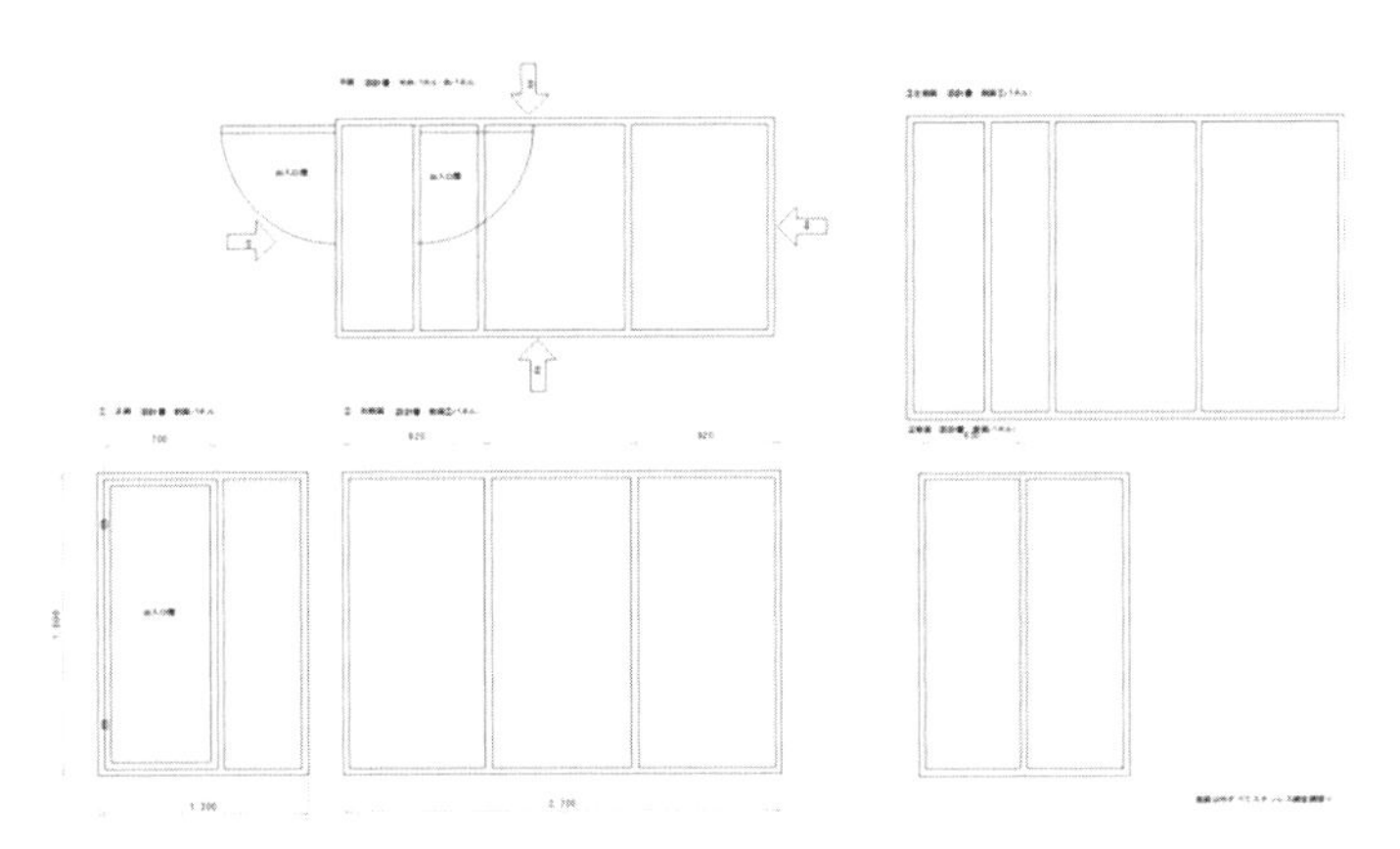

図4-24. 屋外ケージの設計図

筆者が設計、図面作成、完成後の仕上げ作業まで行った。

崎では初夏の雰囲気も漂う季節だ。野生個体を調査した情報から、次の繁殖シーズンは10月以降ではないかと予想し、それに備えることにした。

そして時は少し流れて8月末。ルーティーンになっている週1回の体重計測のとき。屋外施設で飼育しているペアのうち、1頭のメスの腹が異常に膨れていた。体重も急に増えている。以前は膣開口が確認できていたのに、このときは閉じていた。もしかして病気？　腹水みたいなものが溜まっているのか？　それとも妊娠なのか……。残念なことにこのペアのケージには観察用のカメラを設置していなかったので、交尾したかどうかも確認できない。病気なら早急に対応しなければならないが、ここは慎重にとりあえず数日様子を見ることにした。

そして数日後。もう一度体重を測ってみると、先日よりさらに体重が増えていて、通常時の20g増しだった。また一段と腹が大きくなっているようだ。よく見ると、今までほとんど見え

図4-25. トゲネズミケージ2号
連結部（矢印）は大きくし、蓋の重みで床材が沈むのを防ぐため巣箱で支えるように改良した。

なかった乳頭（乳首）がはっきりと確認できる（第2章コラム参照）。「間違いない！　この個体は妊娠している！」私は確信した。しかし、いつ交尾をしたのかわからないから、出産日も予想できない。というか妊娠期間の情報も皆無だから、どっちにしてもわからない。この大きさだと出産までそう期間はないだろうと考え、ケージにカメラを設置して様子を見守ることにした。

●生まれた！～アマミトゲネズミの飼育下繁殖～

妊娠を確信してから毎日、カメラの録画データからメスの腹部の様子をチェックしていた。一番わかりやすかったのはエサ入れの上に取り付けたカメラだ。このカメラはもう1台より解像度が高く、音声もきれいに撮れるが、1つ欠点があった。もともとウェアラブルカメラ（アクションカメラなどともいわれる）であり、長時間の撮影には向いていない。昼間はトゲネズミが姿を見せないのとメモリーカードの交換も必要であるため、日中カメラの電源は切り、夕方再びカメラを作動させるようにしていた。カード交換をするときは電源コードを外さなければならない。そして、うっかり電源コードを挿し忘れたときがあった。電源をつないでいないと内蔵バッテリーで動くのだが、それではカメラは2時間ほどしか作動できない。あぁやっちまった……と思ってその翌日、録画したデータを見比べてびっくり仰天。あんなに大きかったメスのお腹はすっきりと見違えるようにスリムになっていた。私の大チョンボで世界初のアマミトゲネズミ出産日は確定できず「２０１８年９月５～７日のいずれか」となっている。トホホ……。

人慣れしていない野生のネズミなどは出産直後、母親が落ち着かないと、せっかく生まれた子どもを食べてしまったり、殺してしまうことがある。そのため、直接目視で子どもを確認するのは少し経過した産後10日（推定）にすることにした。そして運命の２０１８年９月15日、おそるおそる巣の蓋を持ち上げてみると、母親の下に数頭の子どもが動いているのを確認した（図4-26）。少し毛が生えている。「（子どもが）おる！　おる！（つい出てしまった地元の方言＝いるという意味）」と声をあげてしまった。これが国内初（世界初）の飼育下アマミトゲネズミの初繁殖記録となった。後にこの子どもたちはオス２頭、メス２頭の計４頭であることもわかった。また、少し遅れて埼玉県こども動物自然公園と宮崎大学でも繁殖に成功したとの報告があった。２０１９年夏には埼玉から生まれた個体を宮崎市フェニックス自然動物園や神戸どうぶつ王国に移動し、その後、飼育下第２世代（Ｆ２）の繁殖にも成功している（図4-27、28）。

以上、私の経験を中心に、動物園で今現在も日々取り組まれている活動のごく一部を紹介し

た。アマミトゲネズミの飼育下繁殖成功のカギは、ある程度栄養状態を維持した個体が、日長の年変化（夏は昼が長く冬は短い）と、環境温度の低下に曝されたことにあるのでは、と私は考えている。なおアマミトゲネズミの飼育下繁殖成功は、それぞれの動物園の日々の努力の集大成であり、一個人の努力の賜物ではないことを付け加えておく。

毎日新聞

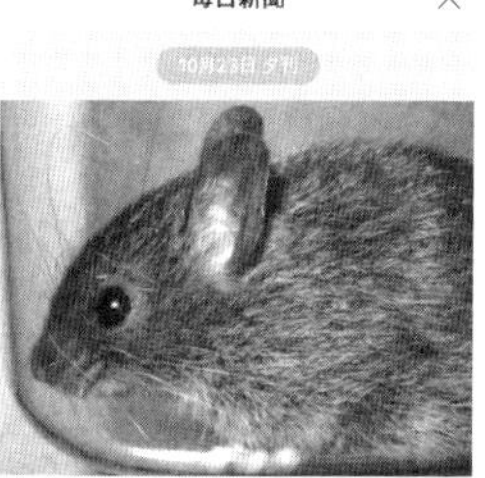

天然記念物：国内初、アマミトゲネズミの繁殖成功

図4-26. アマミトゲネズミの飼育下繁殖の成功

上：初めての子どもはオス２頭メス２頭だった。最初に体重計測をしたときに撮影（口絵 4-5、7 ページ）。
下：多くのメディアにも取り上げられた。（出典：毎日新聞 LINE ニュース：2018 年 10 月 23 日夕刊）

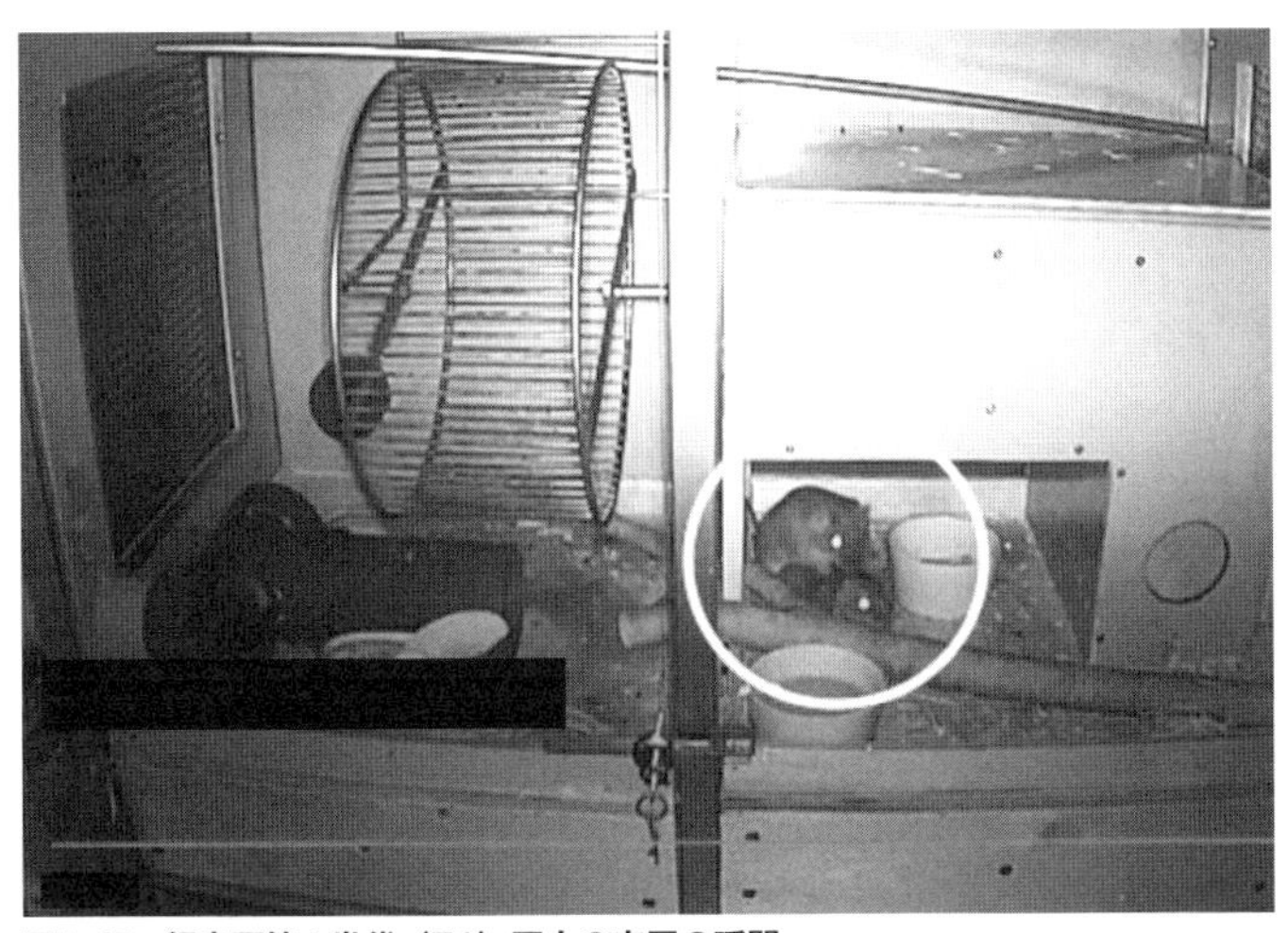

図4-27. 飼育下第１世代（F1）同士の交尾の瞬間
ついに新しい世代のトゲネズミが誕生する。

トゲネズミの生息域外保全プロジェクトはまだスタートラインから少し進んだばかりだ。小さくて地味だけれども、非常におもしろくもあるトゲネズミが、いつの日か小さな島の希少種でなくなることを願ってならない。

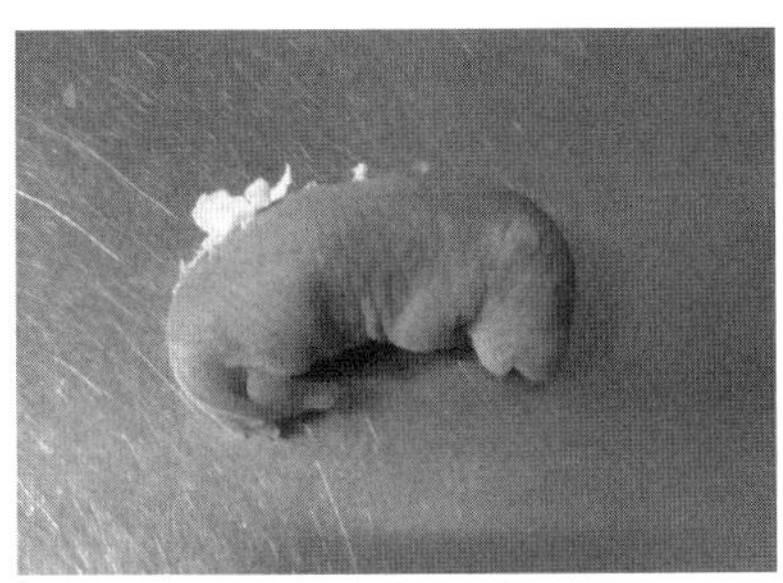

図4-28. 飼育下第２世代（F2）の誕生
おそらく画像で初めて記録されたであろう新生子（口絵4-6、7ページ）。

8 ネズミで巡る日本の動物園

● 埼玉県こども動物自然公園

ネズミ展示でいえば全国一の動物園だと思う。ネズミコレクション数も全国一で、国内初飼育の種も多い。ハダカデバネズミを初めて飼育展示したのもここだ。かつては馬舎を手作りで改修した楽しい小動物展示施設があったが、2019年には新展示施設「ecoハウチュー」が公開され、ネズミ科最大の「ウスイロホソオクモネズミ」や、モルモットとナキウサギのハーフのような「グンディ」など国内初登場のネズミもいる。ネズミが大好きな職員たちによって設計さ

Access&Information

【所在地】埼玉県東松山市岩殿554
【アクセス】
電車：東武東上線高坂駅より徒歩20分
バス：東武東上線高坂駅発鳩山ニュータウン行き、こども動物自然公園下車
自動車：鶴ヶ島ICより約20分、東松山ICより約10分
【入園料】大人（高校生以上）700円、小人（小・中学生）200円
【開園時間】9:30〜17:00　最終入園16:00（一部期間に変動あり）
【休園日】月曜日（祝日の場合は開園）
【TEL】0493-35-1234
【URL】http://www.parks.or.jp/sczoo/

れた施設は、ネズミを中心とした小動物の魅力を存分に発揮できる場である。ネズミに興味がない人でも楽しめるのではないだろうか。

●東京都恩賜上野動物園

日本の動物園の始祖であり、最大の飼育動物種数を誇る。西園にある「小獣館」は齧歯類をはじめ、小型霊長類やコウモリなども展示されている。昼夜逆転の夜行性動物の展示施設も充実しており、私は上野動物園を訪れると小獣館を目指し、道中の動物を見ながら歩くコースがお気に入りだ。ハダカデバネズミの展示コーナーは大きく、見ていて楽しい。かつては西園に降りる途中、スロープの横の木にカナダヤマアラシが展示されていたこともあり、木の上のヤマアラシが来園者と同じ目線で見られたのは、とてもおもしろい展示法だった。

Access&Information

【所在地】東京都台東区上野公園9-83
【アクセス】
電車：JR上野駅公園口より徒歩５分
【入園料】大人600円、65歳以上300円、
中学生200円（都内在住・在学の中学生は無料）、小学６年生まで無料
【開園時間】9:30〜17:00（一部期間に変動あり）
【休園日】月曜日（祝日の場合は翌日に振替）
【TEL】03-3828-5171
【URL】https://www.tokyo-zoo.net/zoo/ueno/

● 井の頭自然文化園

本園の資料館にあるネズミの展示コーナーでは、カヤネズミやハタネズミなど、日本にすむ身近なネズミを中心に展示している。また、「リスの小径」はウォークスルー方式を採用したニホンリスの展示施設で、来園者がリスケージ内に入って身近にリスを観察することができる。さらに、井の頭のニホンリスは別棟で繁殖棟がある。展示だけでなく飼育下繁殖を行い、累代飼育も念頭に置かれている、日本の動物園におけるニホンリス最大飼育地だ。

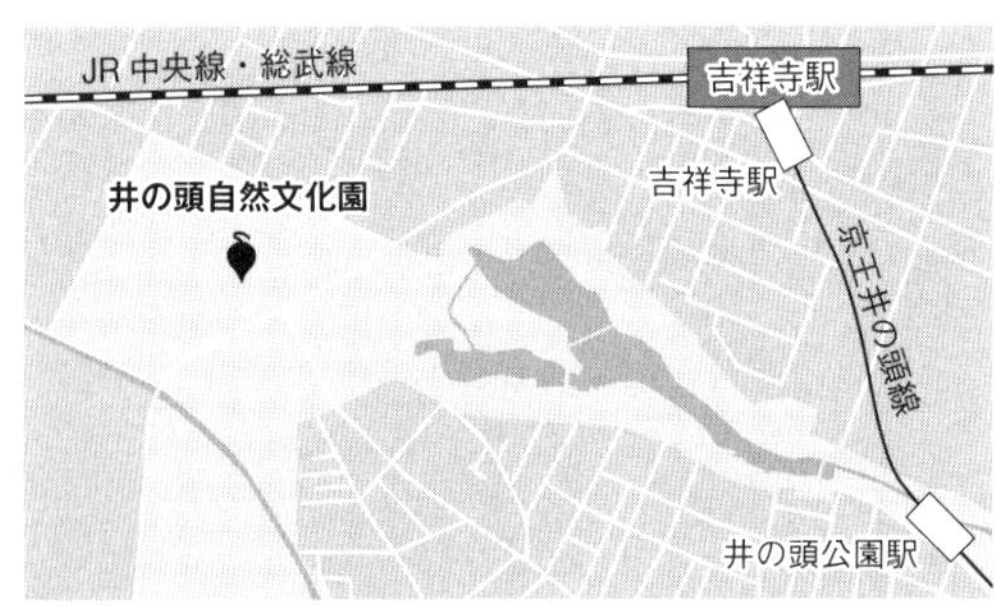

Access&Information

【所在地】東京都武蔵野市御殿山 1-17-6
【アクセス】
電車：JR・京王井の頭線吉祥寺駅南口（公園口）より徒歩10分
バス：吉祥寺駅発（公園口丸井前）／吉祥寺行き（小田急バス、京王バス）、文化園前下車
【入園料】大人400円、中学生150円（都内在住・在学の中学生は無料）、65歳以上200円、小学６年生まで無料
【開園時間】9:30～17:00（一部期間に変動あり）
【休園日】月曜日（祝日の場合は翌日に振替）
【TEL】0422-46-1100
【URL】https://www.tokyo-zoo.net/zoo/ino/

●富山市ファミリーパーク

日本産の動物や在来家畜の飼育展示にたいへん力を入れている動物園だ。「郷土動物館」ではネズミやノウサギ、イタチから魚に至るまで、富山の小動物が飼育展示されている。別棟でノウサギやムササビの繁殖棟（非公開）も整備されていて、日本産動物の展示だけでなく、飼育繁殖技術開発も行っている。ネズミ展示も飼育員の手作りが多く、よくネズミを観察していないとつくれないじゃないかと感心する展示もある。園内には野生のムササビ用の巣箱を設置しているポイントがあり、内部カメラがついている。野生ムササビの巣箱内の様子をモニターで観察できる「ムササビ村1丁目」「ムササビ村2丁目」も見てほしい。

※なお休園・開園は変動があるため、最新情報については各園のホームページを参照してほしい。

富山市ファミリーパーク
JR富山駅
西富山駅
北陸自動車道
富山西IC
婦中鵜坂駅
高山本線
富山IC

Access&Information

【所在地】富山県富山市古沢254
【アクセス】
電車・バス：JR富山駅下車・南口前地鉄バス16系統・富山大学附属病院行き、ファミリーパーク前下車すぐ
自動車：北陸自動車道・富山西ICより５分
【入園料】大人（高校生以上）500円、中学生以下無料
【開園時間】9:00～16:30　最終入園16:00（一部期間に変動あり）
【休園日】3月1～14日、12月28日～1月4日
【TEL】076-434-1234
【URL】https://www.toyama-familypark.jp/

ネズミに名前をつけるなら

ネズミを飼育するうえで複数の個体がいた場合、何かしらの名前をつけた方が何かと都合がいい。もし、名無しばかりなら「あいつが子どもを産んだ」「どれ?」となってしまう。ペットならば飼い主がふさわしい(?)名前をつけるだろう。動物園でも飼育員が趣向を凝らせて名前をつけることが多い。例えば、カピバラ3きょうだいが「リク(陸)」「ウミ(海)」「ソラ(空)」、モルモットの「アンコ」「キャラメル」「ザラメ」「シュガー」など(モルモットを名付けた飼育員は甘い物大好き)。しかし過去にこんなことがあった。よその動物園から搬入した2頭のオスのカピバラがいた。1頭は「ハヤテ」、もう1頭は「疾風(ハヤテ)」。呼んだら区別ができない。人間でも同姓同名がいるように、動物界でも(人間の勝手な識別で)同姓同名のケースがある。また、頭数が少ないと毎回名前を考えることもできるが、小さなネズミたちはほぼ毎月のように増えたり減ったりするので、いちいち名前をつけていたらさっぱりわからなくなってしまう。

そこで私たちは、よく実験動物で用いられる方法で個体名をつける。まず、歳をとっ

COLUMN.

ている順に1、2、3、4……と番号をつける。このとき、注意すべきなのは同腹の個体（同じ親から同時期に生まれたきょうだい）には、すべて同じ番号をつける。次にオスかメスかの区別をした後に、オスは大文字のアルファベットのA、B、C……を、メスには小文字のアルファベットa、b、c……を順に当てはめていく（同腹のきょうだいならばオスメス以外は適当にアルファベットをつけていい）。例えば、飼育を始めて3番目にあたる個体たちがオス2頭、メス2頭のきょうだいだったとする。すると、その個体たちには、3A（オス）、3B（オス）、3a（メス）、3b（メス）といった具合になる。何とも味気なくはなるが、個体数が50頭くらいになるととてもわかりやすいのだ。長生きしているのは誰か、とか、この個体とこの個体はきょうだいだ、とか一目瞭然になる。この個体名（番号）は出生時にノートに記入し、個体には飼育ケージに個体情報を記入したカードをつけておくと、さらにどのケージにどういう個体が何頭いるかまでパッと見てわかってしまうようになる。多数飼育している小型哺乳類や鳥類に

個体カードの1例

タイワンモリネズミ（*Apodemus semotus*）の80番Bの個体カード。アルファベットが大文字なのでオスである。その他、生年月日や同腹きょうだいの頭数や性比、離乳日や両親の情報などが記載されている。

用いるが、この個体名のつけ方はあまり動物園では受け入れられない。やはり愛称があった方が、来園者にも飼育員にとっても親しみはもてるようだ。

余談になるが、エサやりガイドを実施しているペンギンに名前がないのは来園者に説明しづらい、ということで名前をつけることになった（それまでみんな名無しだった）。でも、パッと見てほとんど差のないペンギンに不規則に命名すると、飼育員もわからなくなってしまう。来園者も覚えやすくてわかりやすい名前はつけられないものかと頭を悩ませた。飼育しているケープペンギンは、よく観察すれば模様や体格などに若干の違いはあるが、それだけを見てすぐに識別することは飼育員でさえ難しい。多くの動物園では、フリッパー（翼の部分）の付け根に翼帯（鳥類は通常脚に足環を装着するが、ペンギンは脚が太く短いので翼の部分につける）がついていて、それぞれ違う色の翼帯を装着している。この翼帯の色を名前にすることにし、メスは最後に「コ（○○子のような具合で）」をつけることにした。かくして、オスの「ピンク」や「アオ」、メスの「ミドリコ」や「キイロコ」などが命名された。半透明の翼帯のメスは「トウメイコ」、来園者の失笑を買っているが人気者だ。

COLUMN.

第5章

不思議なネズミ・おもしろいネズミ

1 ネズミたちの超能力？「休眠」

自然界で生きる動物たちにとって、冬は1年のうちで最も過酷な季節だ。厳しい寒さやエサ不足などを克服できないと春を迎えることはできない。シカなどはそのまま冬の間も活動を続けたり、鳥類やコウモリなど飛翔して長距離移動できる動物の一部は暖かい地域に移動（渡り）したりする。その他の手段として環境条件が厳しくなる間、極端に活動を抑えてしまう動物もいる。

ネズミは体重が100gより軽いか、その程度といった比較的小さな種が多い。そんなネズミにとって、厳しい冬や突然のエサ不足はとてつもないストレスとなる。そういった状況に陥ったとき、一部のネズミたちは超能力を使う。その能力は生命維持に必要な部分以外の「体内のスイッチ」をOFFにしてしまう、つまり低代謝の状態になる。代謝が下がるため体温は低くなり、呼吸数や心拍数も少なくなる。この生理状態を「休眠（torpor）」といい、24時間以上続くもので冬に起こる休眠を「冬眠（hibernation）」、それが夏に起こる場合を「夏眠（aestivation）」、24時間を超えない休眠を「日内休眠（daily torpor）」という。冬眠しているときのシベリアシマリスは、エネルギー消費が活動期の13％まで低下し、心拍数も毎分400回だったものが10回以下に、体温は37℃から5℃まで低下する。一方、日内休眠の場合、体温が十数℃を下回ることはほとんどない。休眠はネズミだけに見られるものではなく、鳥類・その他の哺乳類の一部でも確認されている（表5-1）。クマやアナグマなどを除くと、その多くは体重1kg以下の小型のものが多い。

●冬眠と日内休眠

冬眠期間は長いもので数カ月、ときには1年の半分近くになることもある。その期間中、ずっと低代謝状態であり続けているわけではなく、数時間～数週間間隔で「中途覚醒」といって急激に元の活動状態に戻る。そして数時間～数日後、また冬眠状態に入る。まるで私たちが夜トイレに起きる感じなのだろう。実際にシマリスは中途覚醒時に排泄をし、蓄えていた食物を食べることがわかっている。

冬眠はその名のとおり、厳しい冬を乗り切るための生存戦略で、寒帯や温帯地域にすむ種で主に確認されている。一方の日内休眠は、それ以外の熱帯や乾燥した砂漠のような地域に生息する動物でも観察される。その例として、別章で紹介したジャコウネズミ（スンクス）やトゲマウス、アレチネズミなどがそうだ。日内休眠は日長の短縮や寒冷、エサ不足によって誘導され、

和名	学名	休眠タイプ	体重（g）	休眠時最低体温（℃）
単孔目				
ハリモグラ	*Tachyglossus aculeatus*	冬眠	2,800	4
齧歯目				
キンイロトゲマウス	*Acomys russatus*	日内休眠	64	25
ハントウアカネズミ	*Apodemus peninsulae*	日内休眠	26	20
クロハラハムスター	*Cricetus cricetus*	冬眠	400	3.6
ゴールデンハムスター	*Mesocricetus auratus*	冬眠	90	4
ヒメキヌゲネズミ（ジャンガリアンハムスター）	*Phodopus sungorus*	日内休眠	25	12.3
ヤマネ	*Glirulus japonicus*	冬眠	25	
アルプスマーモット	*Marmota marmota*	冬眠	3,100	2.4
ハツカネズミ	*Mus musculus*	日内休眠	37	16
トウブシマリス	*Tamias striatus*	冬眠	87	4.9
リチャードソンジリス	*Spermophilus richardsonii*	冬眠	400	2
霊長目				
ミミゲコビトキツネザル	*Cheirogaleus crossleyi*	冬眠	500	9
セアカネズミキツネザル	*Microcebus griseorufus*	冬眠	50	6.5
ハイイロネズミキツネザル	*Microcebus murinus*	日内休眠	60	7.8
食肉目				
ヨーロッパアナグマ	*Meles meles*	冬眠	13,000	28
シマスカンク	*Mephitis mephitis*	日内休眠	2,880	26
アードウルフ	*Proteles cristata*	日内休眠	9,000	31
ヒグマ	*Ursus arctos*	冬眠	100,000	32.5
翼手目				
アフリカシタナガフルーツコウモリ	*Megaloglossus woermanni*	日内休眠	12	26.2
ナミテングフルーツコウモリ	*Nyctimene albiventer*	日内休眠	28	25.5
ヨーロッパアブラコウモリ	*Pipistrellus pipistrellus*	冬眠	7.4	3
キクガシラコウモリ	*Rhinolophus ferrumequinum*	冬眠	23	9
メキシコオヒキコウモリ	*Tadarida brasiliensis*	冬眠	10	9

ハリネズミ形目				
ケープハリネズミ	*Atelerix frontalis*	冬眠	400	1
ナミハリネズミ	*Erinaceus europaeus*	冬眠	700	5.4
トガリネズミ形目				
コジネズミ	*Crocidura suaveolens*	日内休眠	8	21.6
コビトジャコウネズミ	*Suncus etruscus*	日内休眠	2	12
被甲目				
ピチアルマジロ	*Zaedyus pichiy*	冬眠	1,100	12.5
アフリカトガリネズミ目				
ホッテントットキンモグラ	*Amblysomus hottentotus*	冬眠	75	8.6
ドブソンオナガテンレック	*Microgale dobsoni*	日内休眠	45	20
テンレック	*Tenrec ecaudatus*	冬眠	650	15
ハネジネズミ目				
ニシイワハネジネズミ	*Elephantulus rupestris*	日内休眠	60	12
コミミハネジネズミ	*Macroscelides proboscideus*	日内休眠	46	9.4
双前歯目				
ブーラミス	*Burramys parvus*	冬眠	63	1.8
フクロモモンガ	*Petaurus breviceps*	日内休眠	130	10.4
ミクロビオテリウム目				
チロエオポッサム	*Dromiciops gliroides*	冬眠	40	7.1
フクロネコ形目				
キアシアンテキヌス	*Antechinus flavipes*	日内休眠	26	24.5
ネズミクイ	*Dasycercus cristicauda*	日内休眠	100	10.8
オブトスミントプシス	*Sminthopsis crassicaudata*	日内休眠	17	10.8
オポッサム形目				
ヤセマウスオポッサム	*Gracilinanus agilis*	日内休眠	29	20
エレガントオブトマウスオポッサム	*Thylamys elegans*	日内休眠	32	14

表5-1. 休眠が確認されている哺乳類の例

体重 100kgを超えるヒグマもいるが、多くは体重 100g 以下の小型哺乳類。ヤマネやコウモリの一部の種では、冬眠と日内休眠の両方が確認されているものも含まれる。
(Ruf and Geiser [2015] より一部を抜粋)

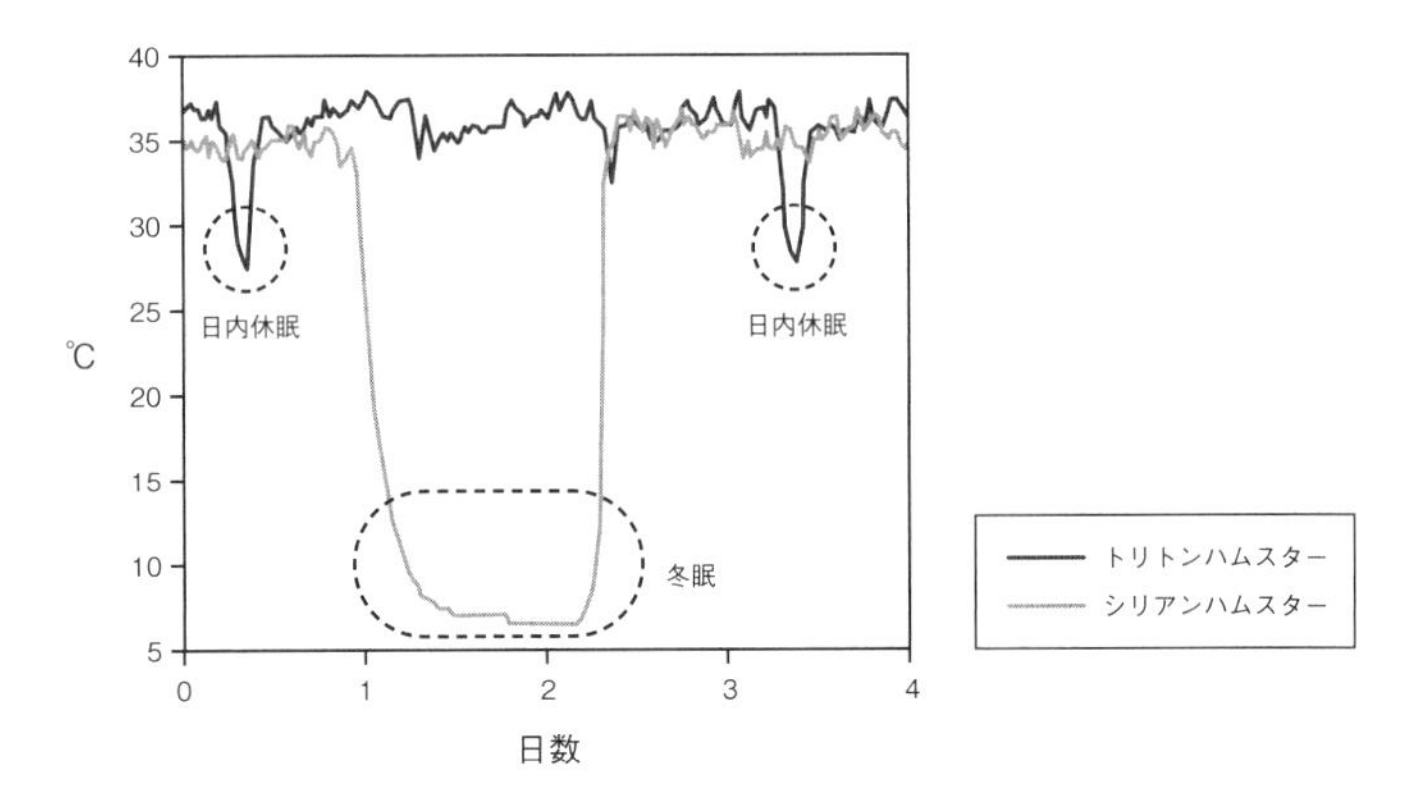

図5-1. 日内休眠（トリトンハムスター）と冬眠（シリアンハムスター）の体温変化の違い

日内休眠の最長持続時間は24時間を超えない。また、冬眠時の最低体温が外気温近くまで大幅に低下するのに対し、日内休眠時の最低体温は十数℃を下回ることはほとんどない。

引き金となるこれらの要因を休眠誘導因子という。休眠の指標として最も観察しやすいバイタルサイン（生命兆候）は体温であり、様々な研究から32℃以下の体温低下が日内休眠発現の指標とされてきた（**図5-1**）。しかしながら計測機器の能力向上などにより近年の研究においては、32℃まで体温が低下しない休眠の存在が明らかになっている。日内休眠は主に休息時である日中（夜行性であるネズミの場合）に発現する。休眠試験中のトゲマウスを日中に観察すると、背中を丸めてじっとしていて、「ああ、今休眠しているんだろうな」と思ってしまう。

●眠るハムスター

ハムスターの冬眠はよく勘違いされている

図5-3. ゴールデンハムスター
(*Mesocricetus auratus*)
別名シリアンハムスター。本種は冬期条件に置かれると冬眠する（口絵5-2、7ページ）。

図5-2. 眠るロボロフスキーハムスター
(*Phodopus roborovskii*)
本種は休眠するかよくわかっていない（口絵5-1、7ページ）。

ようで、たびたび誤った情報を目にすることがある。冬の寒い温度でハムスターを飼育すると「疑似冬眠」なるものを引き起こし、死んでしまうことがあるので気をつけよう、という内容だ。まず、ハムスターの冬眠情報として、国内でペットとして飼育されるハムスターのうち冬眠するのはゴールデンハムスターとクロハラハムスターだけだ（現在ペットとしてクロハラハムスターを飼っている人がいるかはわからないが）。人気が高い小型のジャンガリアンハムスターは冬眠しないが、日内休眠はする（**図5-2、3**）。

ゴールデンハムスターは日長の短縮と気温の低下を経験したときのみ冬眠が誘導され、ジャンガリアンハムスターは日長の短縮で日内休眠が誘導されることがわかっている。つまり、冬にハムスターを飼育していて冬眠や日内休眠をする可能性はある。しかし、ゴールデンハムスターを実験室下で冬眠誘導する場合、12週間以上の短期光周期（1日の24時間のうち暗期が明期より長い）に曝露した後、さらに4℃くらいの低温下に置く必要があるとされている。

かつて、ゴールデンハムスターが冬眠している姿を展示しようと試みたことがある。ゴールデンハムスターの成体を入手し、まず秋から冬に向けて日が短くなることを再現するため、個別ケージに入れたハムスターを遮光ボックスに収容し、12週間飼育した。次に家庭用冷蔵庫の扉を四角くくりぬき、アクリル板を二重に貼って観察用の窓を設けたものを用意し、そこにハムスターを移した。冬眠巣の条件に似せるため、冷蔵庫は暗室代わりの倉庫に置き、照明も影響が少ないとされる赤色のものに変更した。このように大掛かりな仕掛けで宮崎市フェニックス自然動物園初の「冬眠展示」を試みたのだが、ハムスターは冬眠する気配をなかなか見せない（**図5-4**）。トドメに展示途中で冷蔵庫が故障し、ハムスターは活動を始めてしまった。こうしてすべての計画は中断せざるを得なくなって

図5-4. 大胆に冷蔵庫を加工したハムスター冬眠展示の様子
残念ながら冷蔵庫が故障し、冬眠は誘導できなかった。

しまった。

このように、人工的に休眠を誘導するにはかなり大掛かりな設備が必要で、家庭内で普通に飼育していて起こることではない。ところが、ごくまれにこのような環境が成立し、休眠が誘導されることがあるようだ。休眠はハムスターが生まれながらに身につけている能力であって異常ではない。万が一休眠した場合、手の上でゆっくりと温めてあげるなどすれば、しばらくすると元どおりに動き出すだろう。しかし「疑似冬眠」は、すぐに加温してやらないと命に関わるとされている。どうやら疑似冬眠というのはハムスターに偶発的に起こる低体温状態のことを示しているらしい。これは休眠しない小型哺乳類によくあることなのだが、つまりは車のガス欠のような状態を指す。体温を維持しようにも燃料であるエネルギー源がほとんどゼロの状態になってしまい、体温維持ができなくなる。

一方、休眠はハイブリッドカーがバッテリーに切り替わった状態だと思ってほしい。そういうわけで、この「疑似冬眠」はまさに命の危機だ。おそらく、休眠する準備ができぬまま冬のような環境条件や、急激な気温低下などの状況に置かれたとき、低体温を引き起こしてしまうのかもしれない。休眠から覚醒しつつある鈍麻状態[注21]のとき以外、休眠しているハムスターはたいてい丸くなっている。ベターッと伸びた状態のときは緊急事態だ。そのときは復温に尽力してほしい。ロシアなどに分布するジャンガリアンハムスターの場合、マイナス数十℃という過酷な環境でも生きていける。一方のゴールデンハムスターはシリアやトルコなど、中東の非常に乾燥した地域で生きていけるように適応している。飼育する人はそれぞれの野生下での生態をもっと理解して飼育に挑むと、「かわいい」以上のハムスターの魅力が感じられるのではないだろうか。休眠はハムスター（もちろん休眠する動物すべて）にとって、過酷な環境を克服するため生まれながら備わっている「超能力」なのだ。

2 ネズミはうんちを食べる？

多くのネズミは糞を食べる。こう聞いて、いい印象を受ける人は少ないだろう。ネコやイヌ、特にネコでは異常行動として取り上げられることも多いので、これらを飼っている人は「ストレスか病気じゃないの？」と思うかもしれない。ウサギは糞を食べることが比較的有名なので、ウサギを飼ったことがある人は「ネズミも食べるんだ〜」と思うかもしれない。

もちろん、人間にとって「糞を食べるという行為（食糞）」はなじみのある行動ではない。しかしネズミにとっては、食糞はいたって普通のこと、むしろ食べて当然なのだ。なぜ食べて当然とまで言い切れるのか？　実は、ネズミの消化管には「食べるための糞」をつくる機能がある。わざわざ「食べるための糞」をつくるのだから、むしろ食べないわけがない。そしてこれは、ネズミが最初から「糞を食べることを前提とした栄養戦略をとっている」ことを意味している。

●食べるための糞

「食べるための糞」をつくる最も有名な動物は、ネズミではなくウサギだろう。彼らは「軟糞」と呼ばれる、普段飼育していると見かける糞（こちらは「硬糞」と呼ばれる）とは見た目も成分もまったく異なる、「食べるための糞」を盲腸と結腸でつくる。つくった軟糞は、排便する際に肛門から直接口で取り上げ、そのまま飲み込んでしまうので、飼育していてもなかなか見ることはできない。軟糞には、盲腸や結腸で増殖した微生物やその微生物がつくった栄養素、小腸で吸収できなかった微細な食物などが含まれている。ネズミの多くもウサギのような外見から判断できるような糞ではないが「食べるための糞」をつくり、それを食べる。ネズミの場合、糞を肛門から直接口で取り上げるまではウサギと同じだが、丸飲みせず、前肢で持って咀嚼（そしゃく）する。特にモルモットは食糞の回数が多く、1日に150～200個もの糞を食べることから、飼育していれば目にする機会は多いかもしれない。前肢でしっかり持ってモグモグ食べている

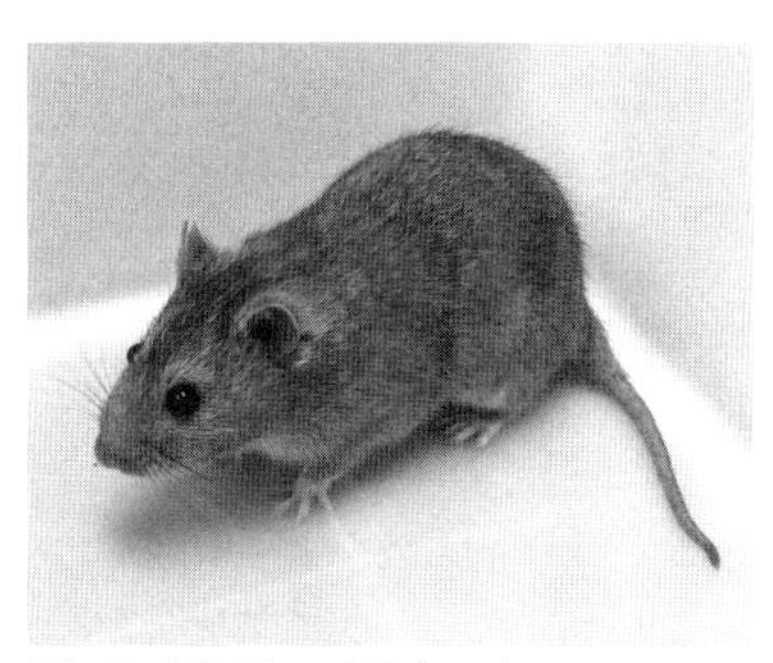

図5-5. トリトンハムスター（*Tscherskia triton*）

英名 Rat-like hamster といわれるように、尾が長く一見するとネズミ科と思ってしまう（口絵 5-3、8ページ）。

図5-6. トリトンハムスターの食糞の様子

手で持ってお行儀よく（？）食べる。

姿は、何ともおいしそうでかわいく見える。持っているのは糞なのだが（図5-5、6）。

●なぜ糞を食べる？

糞を食べる理由として、テレビ番組やインターネットの記事では「消化しきれなかった繊維などを再摂取することで消化吸収する」という一文をよく目にするが、これは間違いだ。齧歯類の場合はウサギほど明確に「食べる糞」をつくれるわけではないので、「間違い」と言い切れるものではないが、少なくとも本質をついているとはいえない。食糞は「『消化しにくいもの』を再消化するための行動」ではなく、「排出されてしまう『消化しやすいもの』を残さず消化するための行動」なのだ。

植物の葉や草は大部分が消化率の悪い繊維質で構成されているが、微量ながら消化しやすい成分も含まれる。これらをエサとする小型動物は、「消化できない部分はさっさと排出して、消化できる部分をしっかり吸収する」という消化戦略をとる。大型の草食動物にくらべ、体重あたりの食物の摂取量が多い理由の1つはこれである。また、繊維からエネルギーを作り出すには、微生物の力を借り、長い時間をかける必要がある。一般的に、食物が消化管の通過に要する時間は消化管の長さに比例し、消化管の長さは体長に比例する。消化管の短い小型の動物は消化管内に食物を長くとどめておくには向いておらず、繊維質からエネルギーを作り出すには不向きである。さらに、小型の動物は体重あたりの基礎代謝が非常に高いという点からも、繊維からゆっくりエネルギーを作り出すという戦略は適していない。そこで小型の動物は、反芻動物のように消化管の前半ではなく、後半の盲腸に微生物をすまわせることで、まず食物の消化しやすい部分を自らが消化吸収し、消化できなかった部分を盲腸の微生物が利用する。さらに、消化管内容物が盲腸を出て結腸を通過する際に、含まれている微生物や微細な食物残渣を盲腸へ戻す機能が結腸に備わっており、効率的に盲腸内に微生物をとどめられるようになっている。このようにして盲腸で増殖した微生物や微生物がつくったビタミンなどは、通常の糞よりもこれらを多く含む「食べるための糞」としてまとめて排出され、食糞により動物に吸収される。このとき含まれる微生物は、草食性の動物にとってエサから得ることが非常に難しいタンパク質の補給源として、とても重要な役割を果たしている。

余談だが、ウシをはじめとした反芻動物は繊維を多く含む食物を消化吸収することに特化しており、タンパク質や糖類など消化しやすい栄養素を多く含む食物の消化吸収には向いていない。なぜなら、反芻胃にすむ微生物たちが繊維だけでなく消化しやすい栄養素まで消化吸収してしまうため、動物自身は利用することができないのだ。このような観点から、種子や果実など消化しやすい栄養素を多く含む食物の利用には、消化管の後半に微生物をすまわせている動物の方が向いているといえる。

●消化管内微生物はとても大事なタンパク質源

筋肉や臓器、皮膚に毛、体の中ではたらく酵素などを構成するタンパク質は、動物にとって最も重要な栄養素の1つである。しかし、大豆などの例外もあるが、多くの植物にはあまりタンパク質が含まれていない。また含まれていても質の面から見ると、動物性タンパク質には劣っている。「タンパク質」とは、アミノ酸がたくさん集まってできたものの総称で、それぞれ構成されるアミノ酸が変わることで形状や機能が変化する。つまり、タンパク質によって含まれるアミノ酸が異なるのだ。このアミノ酸の中で、体内でまったく、あるいは必要量を合成することができず、必ず食物から摂取する必要があるものを「必須アミノ酸」という。これをバランスよく含むタンパク質こそ、「質の高いタンパク質」ということになる。なぜバランスが重要なのかというと、アミノ酸は利用される割合が決まっており、この割合が一番少ないアミノ酸にあわせて利用され、他のアミノ酸は排出されてしまい、無駄になってしまうのだ。

例えば、ある製品をつくるとき、AとBとCという部品が必要だったとする。AとBが10個あったとしても、Cが8個しかなかった場合、製品は8個しかできず、残りのAとBの部品2個ずつは無駄になってしまう。同じようなことがアミノ酸でも起こるのだ。このため、タンパク質は含まれる量はもちろんのこと、構成するアミノ酸も重要になる。

消化管に生息する微生物はこのアミノ酸のバランスが非常によく、植物を主食とし、食餌中からタンパク質を得る機会の少ないネズミにとって、非常に重要なタンパク質源となる。また、利用されなかった余剰アミノ酸や生命活動により生じるアンモニアは、肝臓で尿素に変換される。この尿素の一部も消化管内に分泌されることで微生物に利用され、微生物の増殖を促し、これを食糞により摂取することで再利用される。このように、ネズミは貴重なタンパク質を食糞により無駄なく利用することで、一見不利と思われる小型で植食性という生態に適応しているのだ。ネズミにとって食糞は当然の行動、場合によっては食べなければならないことすらある非常に重要な行動といえる。

3 厳選！ おもしろネズミ紹介

●ハダカデバネズミ（図5-7）

裸で出っ歯でシワシワの奇妙なやつ

ハダカデバネズミは、ケニアなどの東アフリカの地中にトンネルをつくって生活している。トンネルは乾燥した地域の地中にあり、最大3㎞にもなるという。地中にトンネルをつくって生活するネズミというと、モグラのような見た目を想像してしまう。ゾコールとも呼ばれるモグラネズミ属 *Myospalax* もまた、地中でトンネル生活をしているが、モグラと同じように大きな前肢をもち、まさしくネズミ版モグラだ。

一方のハダカデバネズミはというと、ヤマアラシ形亜目デバネズミ科に分類されており、真のネズミではなく、モルモットやカピバラの仲間である。英名はNaked mole rat。その外観は名前どおり、ピンク色でシワシワの皮膚むき出しで、毛はほとんど生えていない。つぶらな瞳というには程遠い小さな目で、耳（外耳）もないといっていいほど小さい。そして出っ歯。和名も英名も何という名前をつけられたのだろう。足の形状は他のネズミとそんなに大差ない。

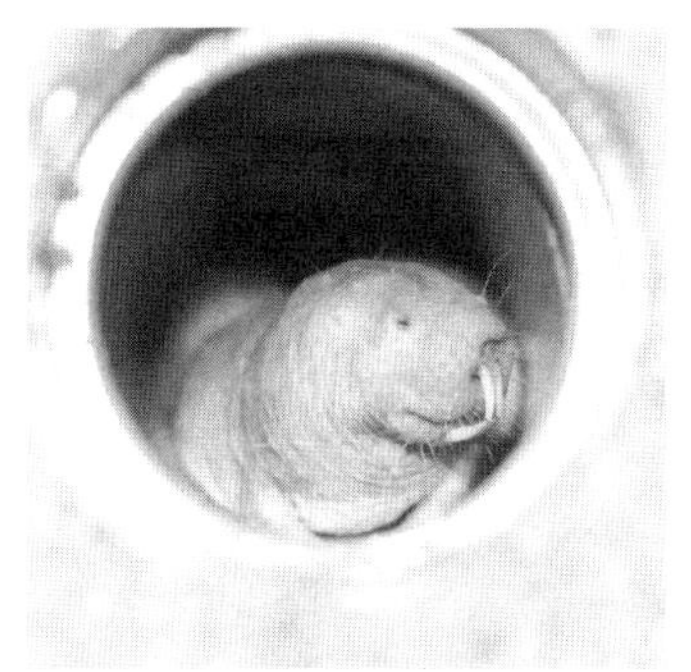

図5-7. ハダカデバネズミ（*Heterocephalus glaber*）
© 埼玉県こども動物自然公園（口絵 5-4、8ページ）

尾はハムスター程度に短いものがついている。モグラとは異なるこの姿で、どのようにしてトンネル生活を送るのだろうか。暗いトンネルで視力が低下しているため小さな目、トンネル移動に邪魔な耳は小さく、尾はなるべく短く、というのはモグラやハタネズミと同じ。モグラと大きく違うのは、トンネルを掘るには不適な小さな脚、体毛のほとんどない皮膚、大きな出っ歯（門歯）だ。

この出っ歯でトンネルを掘っていると考えられている。ネズミの門歯は第1章でも紹介したように、一生伸び続ける。そのため、トンネル掘りは歯の伸びすぎ防止にも役立っているようだ。しかも下顎の出っ歯（門歯）は可動式で、左右別々に動かすことができる。ヘビの下顎と似たような構造だ。大きなエサを運ぶときなどは、この歯を逆ハの字に開いて、安定させるようにくわえて運ぶことができる。

トンネル内はほぼ一定の温度が保たれているので体温

維持に必要な体毛を捨て、わずかに残った毛は暗闇でも周りを把握できるセンサーの役割を果たしている。さらにトンネル生活は、ハダカデバネズミから体温調節をすることさえ捨てさせた。寒いときはお互いが寄せ集まることで体温を維持する。だからハダカデバネズミの体温は32℃くらいしかない。マウスなどは通常37℃くらいなので、5℃も低い。体温が低いということは、体温維持に使うエネルギーも少なくて済む。ハダカデバネズミは普段から代謝を低くしてエネルギー消費を抑え、「省エネ」で生きることができるネズミなのだ。また、地中は地上にくらべて酸素濃度が低く二酸化炭素濃度が高いので、代謝を低くすることは都合がいい。この低酸素・高二酸化炭素への適応は、代謝を低くする以外にも秘密がありそうで、現在も研究が進められている。ＳＤＧｓ（持続可能な開発目標）が掲げられる現代、人類はハダカデバネズミの生活を見習わなければならないのかもしれない。

組織化された集団生活

この時点でもハダカデバネズミはなんと奇妙な動物だろう、と思う。ところが、驚きなのはこれだけではない。ハダカデバネズミの生態で最も有名なのは、他の哺乳類とは違う社会形態をもっている。アリやハチなどと同じようにハダカデバネズミのコロニー（群れ）は1頭の女王、1〜3頭の王、残るすべてが兵隊と働きデバネズミで構成される。このような社会形態は「真社会性」と呼ばれ、哺乳類を含む脊椎動物では、ハダカデバネズミと近縁のダマラデバネズミしか知られていない。

ハダカデバネズミは野生下で通常80頭ほど、最大で300頭もの大きな群れをつくる。しかし、どんなに大きな群れでも子どもを産むメスは1頭だけ。そして数頭のオス、働きデバネズミはエサ探しやトンネルの環境維持、子育て補助などを行う。子育ての際には、自らが子ネズミたちの布団となる「布団係」なる役割も存在するという。兵隊はというと、外から他のデバネズミや天敵であるヘビが侵入してきたときに活躍する。しかし、ヘビにはほとんど無力なようで、たいていの場合は兵隊が犠牲になり、食べられることで他の個体を守る。ハダカデバネズミは1コロニーで出産するメスは1頭しかいないので、メンバーはすべて血縁関係にあり、遺伝的にもほぼ同じであるといってよい。なので、コロニーを残すことが自分の遺伝子を残すことになり、結果このような行動が見られるようだ。とはいえ、何とも切ない。生まれ変わっても兵隊ハダカデバネズミはいやだなぁ……。

ハダカデバネズミの展示と未来に向けた取り組み

動物園でネズミ飼育といえば、私はまず埼玉県こども動物自然公園を挙げる。ここは日本で初めてハダカデバネズミを導入し、飼育展示・繁殖に成功した動物園であり、日本でハダカデバネズミといえば埼玉だろう。かつて同園を訪問したとき、ハダカデバネズミの飼育スペースを見学させてもらった。バックヤードに1頭だけ高齢で隔離飼育されている個体を「何歳だと思います?」と聞かれた。ネズミで高齢なら5~6歳かと思っていたら、推定40歳以上だという。ビックリである。一般的に哺乳類は体重が大きくなるほど寿命が長くなる。例えばマウス(30g)だと2~3年、カピバラ(50kg)では10年、アジアゾウ(3000kg)は60年以上といった感じだ。ハダカデバネズミ(35g)の平均生存期間は28年前後ともいわれており、哺乳類の一般常識から大きく外れている。ハダカデバネズミは生存期間の8割の間、老化の兆候(活動量、繁殖能力、血管機能の低下など)が見られず、さらには老化関連疾患とされるがん(癌)の抵抗性が認められた。つまり、ハダカデバネズミはほとんどがんにならないのだ。このハダカデバネズミの長寿やがん抵抗性は、2000年ごろから世界中の多くの研究者に注目され研究が続けられている。いつの日か、私くらいのオジサンと呼ばれる年齢になっても、がんに怯えることなく暮らせる日が来るかもしれない。

現在、ハダカデバネズミは全国の数カ所の動物園のほか、非常に特殊な生理生態を解明するために、国内のいくつかの大学などの研究施設で飼育されている。日本におけるハダカデバネズミ飼育展示のパイオニアである埼玉県こども動物自然公園をはじめ、札幌市円山動物園、東京都恩賜上野動物園、伊豆シャボテン動物公園、体感型動物園・iZooで見ることができる

（2021年4月現在）。体温が低いため一定の環境温度を維持しなければならないことや、音に敏感であるので工夫が必要といった、他のネズミにはない苦労があるようだが、透明パイプでつくった人工トンネルの中を忙しそうに動き回ったり、エサを食べたりしている様子はずっと観察していても飽きない。私はモグラを人工トンネルで長く飼育したことがあるが、ハダカデバは飼ったことがない。いつかはチャレンジしてみたいが、今から飼育しても私の方がハダカデバより先に天国に行ってしまうかもと不安になる。

●トゲマウス

「トゲマウス」という呼び方については第1章で詳しく述べているので、そちらを参照してほしい。和名ではトゲマウスだが、私の所属していた研究室では属名の *Acomys* から「アコミス」と呼んでいた。こっちの呼び方が字数も少ないし、混同することもなくて便利だ。ここではトゲマウスのことを「アコミス」と呼ぶことにする。

アコミスは19種知られており、ほとんどが中東からアフリカの乾燥地などにすんでいる。私は学部生のころからこのネズミを研究対象として、休眠を中心に基礎生理特性の解明に取り組んできた。研究していたのは *Acomys dimidiatus*（トウブトゲマウス）だ（**図5-8**）。以前はカイロトゲマウス *Acomys cahirinus* とされていたのだが、近年の新たな研究によって *A. cahirinus*

図5-8. トウブトゲマウス（*Acomys dimidiatus*）
（口絵 5-5、8ページ）

とは別種であることが明らかにされた超マイナーなネズミだ。アフリカから中東にかけて広く分布しているカイロトゲマウスと違い、別名イスラエルトゲマウスと呼ばれるように、イスラエルなどの狭い範囲に生息している。しかも今でも武力衝突が起きるようなとてつもなく治安の悪い地域にすんでいる。つまり、文献などから得られる情報から生態を想像して研究するしかない。アカネズミやヤマネのように、すぐそばでフィールド観察ができる種を研究対象にしている他の学生をよくうらやましく思ったものである。*dimidiatus*

と *cahirinus*、文献では頭骨の形などにも違いがあるらしいが、よくわからない。カイロトゲマウスはペットとして売られているほか、動物園では結構飼育されている。私はこの2種を同時に飼育する機会があり、両者を比較したのだが、サイズや形には大きな違いは見られなかった。あえていうなら、*dimidiatus* の方は少し毛色が明るい薄茶色をしているような気がする。

かなり話が脱線してしまったので元に戻してこのアコミス、よく観察すると体毛が針状になっている。一見しただけではわかりにくいが、お尻から頭の方に向かって背中の毛をなでてみると、チクチクして針状になっていることがよくわかる。名前の「Spiny mouse」の由来でもある。

るろうのアコミス

アコミスも日本の希少ネズミであるトゲネズミ（*Tokudaia* 属）同様、一見ぱっとしないが生態は特殊で非常に興味深い。まず、アコミスは巣をつくらない。アコミスの生息する環境は乾燥しているため、昼夜の気温の日較差がとても大きい（日中高温で夜間に比較的気温が低くなる）。このような環境にすんでいる動物は、乾燥や低・高温を回避するため、地中にトンネル状の巣をつくることが多い。にもかかわらず、アコミスは巣をつくらないで、岩などの隙間に潜んでいるらしい。

図5-9. トゲマウスのハドリングの様子
（口絵 5-6、8ページ）

以前、飼育試験をしていたとき、環境温度の低い（といっても十数℃というやや寒い温度）場所にケージを置き、保温用の巣材となる紙を割いたものを与え観察したが、巣材を集めたり巣のようなものをつくる様子はまったく見られなかった。ハムスターなどはこのような場合すぐに巣をつくるのだが……。どうやら、体温を維持するために巣をつくって暖を取るという行動が本能としてインプットされていないらしい。その代わり、寒いときは複数個体が集まって団子状になる。アコミスが野生下でそうなるかどうかは不明だが、飼育下では数頭～十数頭が集まることもある。これは野生のサルやペンギンでよく見られる行動で、ハドリング（huddling）と呼ばれ、アカネズミやデグーなどでも観察される（**図5-9**）。ハドリングは集合することで外気に触れる体表面積を小さくし、体からの熱損失を小さくする環境適応行動である。アコミスは我々がさほど寒いと感じない二十数℃の気温でもハドリングしている。

寒がり？ アコミス

また、アコミスは過酷な環境を乗り越える適応として日内休眠をする。エサの不足や寒冷に遭遇すると代謝を下げ、エネルギー消費を抑える。近年は日内休眠の研究対象として、アコミスを取り上げた論文がポツリポツリと出ている。飼育試験では、給餌量を制限（少なく）することで、エサ不足を再現し、日内休眠を誘導できる。アコミスはエサが不足しがちになると休息時間帯（夜行性なので昼間）に日内休眠を発現する。休眠に入る割合（全体のどれくらいの個体数が休眠するか）や性比、休眠を誘導する要因などは、動物種（たとえネズミの種が違っても）によってかなり異なる。アコミスの場合はエサ不足に対するエネルギー節約として、ほとんどの個体がマニュアルがあるのかと思うくらい見事に日内休眠で対応する。そのため、アコミスが日内休眠の発現モデル動物にならないかと考えたほどだ。

また、アコミスは気温の日較差が大きい環境にすんでいるため、寒冷に対してもそれなりに耐性があると考えていた。あるいは、この寒冷ストレスが日内休眠を発現させ、代謝を抑制して寒冷を克服するのではないかと思っていた。温帯に生息するアカネズミなどの場合、冬期条件の休眠誘導試験では4℃くらいの環境に曝露するが、アコミスの分布する地域の緯度は日本よりはるかに赤道に近い。そこで、一般的な飼育室よりは温度を下げた12〜13℃に調整した部屋で、ケージに個別収容したアコミスを置いて飼育試験を試みた。ところが、彼らは私の予想と異なる反応を示した。1〜2日経過すると低体温に陥った個体が続出したのだ。個体によっては外耳の先端が壊死して、脱落してしまったものもいた。あわてて試験を中止したが、その後別の研究チームが発表した論文によると、アコミスは通常の実験室の環境温度である20℃くらいで日内休眠が誘導されるようだ。アコミスにとって暑くも寒くもない快適な温度（中性温域：一般的な齧歯目は24〜25℃とされている）は、私が考えていたよりも高いらしい。どうやらトゲトゲの体毛も身を守るものというより、毛を針状にすることによって熱放散の効率を高くし、日中の暑さを乗り切るためのもののようだ。アコミスは寒さよりはむしろ暑さに特化して環境適応能力を進化させたのだろう。

生まれてすぐにおしくらまんじゅう？

そしてアコミスは、真のネズミであるネズミ科の中で、数少ない早成性である。モルモットのように完全な親のミニチュアとはいかないまでも、生まれてすぐ目は開いているし、少ないながら毛も生えていて、よちよちと移動することもできる。また、アコミスは寒いときと同様、子育ての際ももちろん巣をつくらない。生まれてすぐに子どもたちは集まり、ハドリングしている。

裂けやすい皮膚の可能性

アコミスのおもしろいところはまだある。特殊な皮膚だ。アコミスを扱っていると、スポッと尾の皮膚が抜けてしまうことがあった。もちろん、アカネズミなどもすぐ抜けてしまうので注意していたが、アカネズミとは比べ物にならないくらい簡単にスポッと抜けてしまう。さらに驚くべきは、首の後ろなど他の皮膚も簡単に「裂けて」しまう。マウスを保定する場合は動きを封じて、保定者が咬まれないように首の後ろの皮膚をつまんで動けなくする。ところが、アコミスではこのような作業で皮膚がズルッと裂けて（剥けて?）しまうことがある。最近の研究でアコミスの皮膚は特殊であることが発表された。アコミスの皮膚は裂けやすく、そしてすぐに再生する構造になっている。トカゲは天敵に遭遇した際に尾を自切して、相手が尾に気をとられているうちに逃げてしまうが、まさにあれと似たようなもののようだ。捕まるくらいなら皮を裂いてでも逃げてしまおう、という戦略なのだろう。ズルッと皮膚が裂けた際には、「これはもうダメだ、死んでしまう……」と思ったものだが、3週間もすると元どおりになっている。かつてノウサギでの同じような経験を元 上野動物園園長の小宮輝之氏が書いていたが、ノウサギよりもはるかに早く元に戻ってしまうアコミスの皮膚はサンショウウオの脚の再生に類似しているそうで、再生医療に関する分野で近年注目されている。

●アレチネズミの仲間

アレチネズミの仲間は名前のとおり、人にとって快適とはいえない（というのは温暖な日本にすんでいる私だからそう思うのかもしれない）環境、つまり砂漠や乾燥地などの荒れ地に生きている。ここではその中で、いくつか紹介したい。

スナネズミ

主にモンゴルの砂漠地帯やその周辺の乾燥地帯にすんでいる。英名はMongolian gerbilで、ただジャービルといえばたいていはこの種を指す。野生では前脚の鋭い爪を使って地下にトンネルを掘って生活している。ペットとしても飼育され、欧米では日本よりも人気があるようだが、もともとは実験動物としての歴史の方が古い。古いといっても実験動物としては比較的新しく、その歴史はまだ70年ほどである。このネズミを実験動物化したのはなんと日本人で、神奈川県の野村さんという女性だったそうだ。野村さんは終戦直後に大連衛生研究所で飼育されていた系統の個体を大学の知人から譲り受け、戦後の混乱期から見事に累代飼育繁殖させることに成功した。ところが、当時の日本では実験動物としての重要性を見出せなかったため、アメリカの研究機関に20頭が送られた。それがよく繁殖し、また医学界でも欠かせないものとなり、後にヨーロッパへ送られ世界中に広がっていったようだ。日本ではアメリカに送った数年後に実験動物として取り扱われるようになり、現在では世界中で飼育されるに至っている。

スナネズミは寄生虫や糖尿病、コレステロール代謝など、様々な疾患モデル動物として使われる。中でも特徴的なのは、てんかんのような発作を示すことがあるため、てんかんや脳梗塞のモデルとしても使われる。ペットとして流通しているものには、この発作を起こしにくい系統が選抜されてきたようで、ほとんど発症することはない。私が大学で用いていたのは、まさにこのてんかん様発作を高頻度で発現する系統だった。研究室で取り組んでいたテーマは、休眠発現の有無など基礎生理特性の解明であったため、スナネズミを用いる際はこのてんかんのような発作は非常にやっかいなものでしかなかった。ちょっとした刺激で発作を起こしてケイレンしてしまう。2週間に1回程度、汚れた床材と飼育ケージを交換していたのだが、新しいケージに移すたびに半分以上の個体が発作を起こす。実験の際も、飼育室から実験室に移動するために台車にケージごと乗せて運んでいる途中、エレベーターの昇降口に数㎜の段差があればその振動でまた発作を起こしてしまう。何か起こるたびに実験が中断してしまうし、そのたびにドキドキさせられて精神的負担も大きく、スナネズミの実験は憂鬱なことが多かった。ペットショップでたまに見かけると、かわいいな〜と思うが、やはりスナネズミはもう勘弁でスナ。

インドオオアレチネズミ（図5-10）

インド、スリランカ、パキスタンなどにすんでいる。巣穴を掘って日中はそこで休み、夜間に活動する。非常に大きな眼球をもち、上から見るとかなり突出していることがわかる。眼球を突出させることで、ウサギのように広い視野を獲得しているのかもしれない。和名に「オオ」がつくことから想像できるかもしれないがスナネズミの仲間では大型で、大きな個体は200gを超えるものもいる。でも、通常は120〜150gくらい。

スナネズミの性格はかなり温順だ

図5-10. インドオオアレチネズミ（***Tatera indica***）
（口絵 5-7、8ページ）

が、インドオオアレチネズミは実験動物として確立されているとはまだいえない段階で、野性味をふんだんに残している。一番厄介なのはジャンプと瞬発力だ。ハブの攻撃を回避するためのトゲネズミの垂直ジャンプは有名だが、インドオオアレチネズミのジャンプもなかなかのものだ。そしてカンガルーが跳ねるように素早く走り回る。しかも結構速い。ちょっとしたケージの隙間から飛び出したら、その後はなかなか捕まえることができない。さらにある程度体が大きいので、いろんなものを吹っ飛ばしながら暴れ回り、やっと捕獲したときは嵐が過ぎ去った後のような惨事になる。生まれてしばらくのチビインドオオアレチネズミは弱々しくてかわいいのだが、離乳してしばらくすると、親と同じようにジャンプの本領を発揮し始める。

また粗食にも耐え、いつエサ不足に陥っても対応できるためであろう。通常の実験用マウス・ラット飼料を与えると皮下に大量の脂肪を蓄積し、おデブになる。インドでは食用に狩られていたようだ。確かに解剖した際、普通のネズミより筋肉の色は薄く、ウサギの肉に似た色をしていて「こりゃ食べられるかも……」と思った（実際に食べる勇気はないが）。

私は修士課程でインドオオアレチネズミの精子の凍結保存法の研究を行っていたが、その当時（2004年ごろ）、齧歯類の精子の凍結保存法はマウスとラットくらいしか確立されていなかった。精子の性質は動物種によって大きく異なり、同じ齧歯目だからと同じ方法が適用できるわけではない。ちょっとしたストレス（回収する溶液の浸透圧や温度など）であっという間に活性を失う（精子が運動性を失い、卵子のところまで泳げず受精もできない）。実験動物として確立されているハムスターの精子でさえ難しく、精子を回収した時点でほとんどは活性を失ってしまう。ところがインドオオアレチネズミの精子は、ある程度の浸透圧ストレス下で凍結保存しても運動性を残していた。精子までも幅広い環境適応能力をもっているのかと、このネズミのミクロの生命力に驚かされた。

かつては動物園でも飼育されていたようだし、ペットとして一般に出回ることもあったようだが、最近は姿を見ない。もしかしたらもう日本では飼育されていないのかもしれない。私も飼育していたが、個体の取り扱いが難しく、飼育を断念してし

図5-11. ウスイロアレチネズミ（*Gerbillus perpallidus*）
（口絵 5-8、8ページ）

まった。さらに複数頭で飼うと、必ず弱い個体がボロボロになってしまう。今となっては飼育コロニーを絶やしてしまったことに後悔しかない。インドオオアレチネズミには、我々の知らない秘められた能力がまだまだあるような気がする。「インドオオアレチネズミの生息地の人、誰かもっと研究してくれないかなあ」と思っている。インターネットで検索すると、別種のウスイロアレチネズミがヒットすることがほとんどだ（図5-11）。こっちはおとなしくて扱いやすいが、個人的にはインドオオアレチの荒々しさが好みだ。

注釈

〈注1〉有袋類…カンガルーやコアラのような袋（育児嚢）をもつ仲間。

〈注2〉エキノコックス…自然界ではネズミやキツネに感染している寄生虫。その卵が人の口に入り感染すると、エキノコックス症と呼ばれる肝臓の病気を引き起こす。

〈注3〉ハンタウイルス…自然界では様々なネズミに感染しているウイルス。飛沫により人が感染すると、腎症候性出血熱（HFRS）やハンタウイルス肺症候群（HPS）と呼ばれる呼吸器の病気を引き起こす。

〈注4〉第一胃…ウシを含む反芻動物の胃は4つの部屋に分かれている。第一胃では微生物の発酵により、人では消化できない繊維質をエネルギーに変換できる。ルーメンとも呼ばれる。

〈注5〉遮光ボックス…ネズミなどの飼育実験用に内部の照明をタイマーで自動制御する大型の箱。外部からの光が入らないような構造になっている。

〈注6〉シャーマントラップ…ネズミなどの小型哺乳類を捕獲調査するための生け捕り罠。

〈注7〉累代飼育…動物を何世代にもわたって繁殖・飼育すること。

〈注8〉NAG系統…長崎県・長崎市（茂木）を由来とする地域集団系統。野生個体群は絶滅したといわれている。

〈注9〉養魚用のマスのエサ…粗タンパク含量が40％以上ある。通常のマウス・ラット用だと20％ちょっとで、高くても30％はいかない。

〈注10〉タール状のやわらかい糞…海苔の佃煮とよく似ている。生産者の方、ごめんなさい。

〈注11〉蒔絵（まきえ）…金粉・銀粉などで漆器の表面に絵模様をつけること。

〈注12〉アルビノ…メラニン（色素）生合成に関わる遺伝子が欠損しているため、生まれつきメラニンに乏しい個体。メラニン欠乏により皮膚や体毛は白く、毛細血管の透過により瞳孔（目）は赤い。

〈注13〉再現性…科学実験などで、同じ条件や手順を踏めば同じ結果が出ること。再現性が高ければ高いほど信頼性が増す。

〈注14〉ノトバイオート…保有している微生物を把握している動物。

〈注15〉SPF…Specific Pathogen Free の略。特定の病原微生物が存在しない動物。

〈注16〉ファウンダー…飼育下繁殖に用いる野生からの導入個体。

〈注17〉と殺…ウシやブタなどの家畜を食肉・皮革として利用するために殺すこと。

〈注18〉枝肉…と殺された家畜から皮や頭部、内臓などを取り除いて、背骨から2分割したもの。

〈注19〉持ち込み腹…捕獲したとき、すでに妊娠している個体。

〈注20〉温度データロガー…温度センサーによって計測・収集したデータを保存する装置。

〈注21〉鈍麻状態…感覚が鈍くなって痛みなどを感じにくくなる状態。

Biol Rev Camb Philos Soc 90(3) : 891-926.
- Seifert AW, Kiama SG, Seifert MG, et al (2012) Skin shedding and tissue regeneration in African spiny mice (*Acomys*) . *Nature* 489(7417) : 561-565.
- Shichijo H, Takahashi T, Kondo Y, et al (2013) Nutritional significance of coprophagy in the rat-like hamster *Tscherskia triton*. *Mammalia* 77(3) : 329-333.
- Yamada F, Kawauchi N, Nakata K, et al (2010) Rediscovery after thirty years since the last capture of the critically endangered Okinawa spiny rat *Tokudaia muenninki* in the northern part of Okinawa Island. *Mammal Study* 35(4) : 243-255.
- Volobouev V, Auffray JC, Debat V, et al (2007) Species delimitation in the *Acomys cahirinus-dimidiatus* complex (Rodentia, Muridae) inferred from chromosomal and morphological analyses. *Biological J Linnean Society* 91(2) : 203-214.
- Watanabe D, Hatase M, Sakamoto SH, et al (2016) Torpor capability in two gerbil species, *Meriones unguiculatus* and *Tatera indica*. 環動昆 27(1) : 9-16.

Am J Physiol Regul Integr Comp Physiol 290(4) : 881-891.
- Heldmaier G, Steinlechner S (1981) Seasonal pattern and energetics of short daily torpor in the Djungarian hamster, *Phodopus sungorus Oecologia* 48(2) : 265-270.
- Hofmann RR (1985) Digestive physiology of the deer - their morphophysiological specialisation and adaptation. *The Royal Society of New Zealand Bulletin* 22 : 393-407.
- Ishii K, Uchino M, Kuwahara M, et al (2002) Diurnal fluctuations of heart rate, body temperature and locomotor activity in the house musk shrew (*Suncus murinus*) . *Exp Anim* 51(1) : 57-62.
- Ishiwaka R, Mori T (1998) Regurgitation feeding of young in harvest mice, *Micromys minutus* (Rodentia: Muridae) . *J Mammalogy* 79(4) : 1191-1197.
- Koshimoto C, Watanabe D, Shinohara A, et al (2009) Maintenance of fertility in cryopreserved Indian gerbil (*Tatera indica*) spermatozoa. *Cryobiology* 58(3) : 303-307.
- Kuramoto T (2011) Yoso-tama-no-kakehashi; the first Japanese guidebook on raising rats. *Exp Anim* 60(1) : 1-6.
- Kuroiwa A, Handa S, Nishiyama C, et al (2011) Additional copies of CBX2 in the genomes of males of mammals lacking SRY, the Amami spiny rat (*Tokudaia osimensis*) and the Tokunoshima spiny rat (*Tokudaia tokunoshimensis*) . *Chromosome Res* 19(5) : 635-644.
- Mgode GF, Cox CL, Mwimanzi S, et al (2018) Pediatric tuberculosis detection using trained African giant pouched rats. *Pediatr Res* 84(1) : 99-103.
- Murata C, Yamada F, Kawauchi N, et al (2012) The Y chromosome of the Okinawa spiny rat, *Tokudaia muenninki*, was rescued through fusion with an autosome. *Chromosome Res* 20(1) : 111-125.
- Ohdachi SD, Ishibashi Y, Iwasa MA, et al (2009) The wild mammals of Japan. 松香堂書店 .
- Poling A, Cox C, Weetjens B, et al (2010) Two strategies for landmine detection by giant pouched rats. *J ERW and Mine Action* 14(1) : 68-71.
- Porter RH, Tepper VJ, White DM (1981) Experiential influences on the development of huddling preferences and "sibling" recognition in spiny mice. *Dev Psychobiol* 14(4) : 375-382.
- Ruf T, Heldmaier G (1992) The impact of daily torpor on energy requirements in the Djungarian hamster, *Phodopus sungorus*. *Physiological Zoology* 65(5) : 994-1010.
- Ruf T, Geiser F (2015) Daily torpor and hibernation in birds and mammals.

- 三浦慎悟（1976）分布から見たヌートリアの帰化・定着，岡山県の場合．哺乳動物学雑誌 6(5-6)：231-237.
- 宮崎県（2012）宮崎県の保護上重要な野生生物 2010 年度概要版．宮崎県環境森林部自然環境課．
- 宮崎県総合博物館（2008）宮崎県総合博物館総合調査報告書 県北地域調査報告書．宮崎県総合博物館友の会．
- 宮田桂子（2005）カヤネズミのゆりかご作り：日本で一番小さなネズミの巣作り行動．哺乳類科学 45(1)：51-54.
- 本川雅治・下稲葉さやか・鈴木聡（2006）日本産哺乳類の最近の分類体系：阿部（2005）と Wilson and Reeder（2005）の比較．哺乳類科学 46(2)：181-191.
- 本川雅治 編（2008）日本の哺乳類学 1 小型哺乳類．東京大学出版会．
- 本川雅治 編（2016）日本のネズミ 多様性と進化．東京大学出版会．
- 森田哲夫・平川浩文・坂口英ほか（2014）「うんちは別腹？」Coprophagy の比較生物学．哺乳類科学 54(1)：157-160.
- 安田雅俊（2007）絶滅のおそれのある九州のニホンリス，ニホンモモンガ，およびムササビ―過去の生息記録と現状および課題―．哺乳類科学 47(2)：195-206.
- 矢部辰男（1998）ネズミに襲われる都市 都会に居座る田舎のネズミ．中央公論社．
- 山田文雄（2017）琉球列島の中琉球における新たな二つの国立公園の誕生と世界自然遺産候補地としての課題．哺乳類科学 57(2)：183-194.
- 横田悠紀（2014）近近世日本における鼠の飼育書：『養鼠玉のかけはし』（一七七五）・『珍翫鼠育艸』（一七八七）を題材として．熊本女子大学国文談話会(59)：31-47
- 吉田重人・岡ノ谷一夫（2008）ハダカデバネズミ 女王・兵隊・ふとん係．岩波書店．
- Brunjes PC (1990) The precocial mouse, *Acomys cahirinus*. *Psychobiology* 18(3): 339-350.
- Ehrhardt N, Heldmaier G, Exner C (2005) Adaptive mechanisms during food restriction in *Acomys russatus*: the use of torpor for desert survival. *J Comp Physiol B* 175(3): 193-200.
- Geiser F, Ruf T (1995) Hibernation versus daily torpor in mammals and birds: physiological variables and classification of torpor patterns. *Physiological Zoology* 68(6): 935-966.
- Grimpo K, Kutschke M, Kastl A, et al (2014) Metabolic depression during warm torpor in the Golden spiny mouse (*Acomys russatus*) does not affect mitochondrial respiration and hydrogen peroxide release. *Comparative Biochemistry and Physiology Part A: Molecular & Integrative Physiology* 167 : 7-14.
- Gutman R, Choshniak I, Kronfeld-Schor N (2006) Defending body mass during food restriction in *Acomys russatus*: a desert rodent that does not store food.

- 草食実験動物研究会（2000）マイクロライブストック（25）- 将来経済的な価値が期待されるあまり知られていない小さな動物たち - 22. マーラ . 畜産の研究 54(11) : 88-90.
- 草食実験動物研究会（2000）マイクロライブストック（26）- 将来経済的な価値が期待されるあまり知られていない小さな動物たち - 23. パカ . 畜産の研究 54(12) : 85-88.
- 曽根啓子・子安和弘・小林秀司ほか（2006）野生化ヌートリア（*Myocastor coypus*）による農業被害―愛知県を中心に―. 哺乳類科学 46(2) : 151-159.
- 竹見祥大・坂井貴文・坂田一郎（2017）シリーズ 実験動物紹介 スンクス . 比較内分泌学 43(161) : 61-64.
- 谷口博一（1997）実験動物学 . 医歯薬出版 .
- 玉那覇彰子・向真一郎・吉永大夢ほか（2017）沖縄島における絶滅危惧種ケナガネズミのロードキル発生リスクマップの作製および対策への提言 . 哺乳類科学 57(2) : 203-209.
- 土屋公幸（1974）日本産アカネズミ類の細胞学的および生化学的研究 . 哺乳動物学雑誌 6(2) : 67-87.
- 土屋公幸（1979）アカネズミ類の飼育と実験動物化 . 道衛研所報 29 : 102-106.
- 土屋公幸（2000）スナネズミのはなし（第一話）. LABIO 21 2 : 19-20.
- 土屋公幸（2001）スナネズミのはなし（第三話）. LABIO 21 3 : 20-21.
- 寺島俊雄（1992）＜珍玩鼠育草＞ミュータントマウスを愛玩した江戸文化の粋（その一）. *Microscopia* 9(3) : 162-169.
- 戸川幸夫（1991）イヌ・ネコ・ネズミ 彼らはヒトとどう暮らしてきたか . 中央公論社 .
- 中島福男（2001）日本のヤマネ . 信濃毎日新聞社 .
- 中谷祐美子・長嶺隆・金城道男ほか（2017）傷病救護されたケナガネズミとオキナワトゲネズミの飼育記録 . 哺乳類科学 57(2) : 221-226.
- 中野智紘・安藤元一・池田周平ほか（2004）ムササビの国内飼育状況と樹葉嗜好性の検討 . 東京農大農学集報 49(3) : 150-155.
- 日本動物園水族館協会 . https://www.jaza.jp/
- 日本林業技術協会 編（2003）森の野生動物に学ぶ 101 のヒント . 東京書籍 .
- 橋本太郎（1959）動物剥製の手引き . 北隆館 .
- 長谷川恩（1979）ネズミと日本文学 . 時事通信社 .
- 長谷川恩（1996）ネズミと日本人 . 三一書房 .
- 本田晋（1976）小動物の剥製の作り方 . ニュー・サイエンス社 .
- 松木則夫・齋藤洋（1988）実験動物としてのスンクス . ファルマシア 24(11) : 1139-1143.
- 松崎哲也・斉藤宗雄・山中聖敬（1984）スンクス（*Suncus murinus*）の計画生産 . *Exp Anim* 33(2) : 223-226.
- 松沢陽士（2011）ポケット図鑑 日本の淡水魚 258. 文一総合出版 .
- 萬田富治・後藤信男（1976）牧草消化能力に関するハムスターとハタネズミの比較研究 . 日本草地学会誌 22(1) : 52-57.

- 河原淳・上田貴夫（2000）シマリスの採餌例 . 森林野生動物研究会誌 25,26 : 62-64.
- 川道武男（1994）ウサギがはねてきた道 . 紀伊國屋書店 .
- 川道武男・近藤宣昭・森田哲夫 編（2000）冬眠する哺乳類 . 東京大学出版会 .
- 河村佳見・岡野栄之・宮脇慎吾ほか（2014）ハダカデバネズミ . 化学と生物 52(3) : 189-192.
- 環境省（2019）【哺乳類】環境省レッドリスト 2019. http://www.env.go.jp/press/files/jp/110615.pdf
- 北原正宣（1986）ネズミ : けものの中の超繁栄者 . 自由国民社 .
- 草野忠治（1989）殺そ剤の摂取性におけるネズミの味覚の役割 . ペストロジー研究会誌 4(1) : 1-15.
- 工藤博・大木与志雄（1982）草食性実験動物としての本邦産ハタネズミ（*Microtus montebelli Milne-Edwards*）とハンガリー産ハタネズミ（*Microtus arvalis Pallas*）の育成および繁殖について . *Exp Anim* 31(3) : 175-183.
- 熊谷さとし・大沢夕志・三笠暁子ほか（2002）コウモリ観察ブック . 人類文化社 .
- 厚生労働省（2011）動物の輸入届出制度について . https://www.mhlw.go.jp/bunya/kenkou/kekkaku-kansenshou12/02.html
- 小林恒明（1981）日本産アカネズミ group の分類 . 哺乳類科学 42 : 27-33.
- 小宮輝之（2017）Zoo っとたのしー！動物園 . 文一総合出版 .
- 小森厚・久田迪夫・矢島稔 編（1971）ペットの飼育辞典 : ホーム・コンサルタント . 小学館 .
- 齋藤隆（2002）森のねずみの生態学 . 京都大学学術出版会 .
- 酒井悠輔・坂本信介・加藤悟郎ほか（2013）アカネズミ（*Apodemus speciosus*）の自然交配による繁殖を誘導できる飼育交配手法 . 哺乳類科学 53(1) : 57-65.
- 坂口英（2015）ウサギはなぜ糞を食べる？ 岡山大学農学部学術報告 104 : 23-34.
- 佐藤和彦（1998）リス類の咬筋と比較機能形態学 . リスとムササビ 4 : 10-13.
- 七條宏樹・近藤祐志・坂本信介ほか（2013）盲腸切除がトリトンハムスターの食糞行動に及ぼす影響 . 環動昆 24(2) : 51-57.
- 城ヶ原貴通・越本知大（2017）リュウキュウマツの食痕を指標とした徳之島のケナガネズミの分布調査 . 哺乳類科学 57(2) : 211-215.
- 正田陽一 編著（1987）人間がつくった動物たち 家畜としての進化 . 東京書籍 .
- 芹川忠夫（2013）実験用ネズミの起源と汎用化への道のり . ファルマシア 49(8) : 769-773.
- 草食実験動物研究会（2000）マイクロライブストック（1）- 将来経済的な価値が期待されるあまり知られていない小さな動物たち - まえがき . 畜産の研究 52(11) : 73-81.
- 草食実験動物研究会（2000）マイクロライブストック（19）- 将来経済的な価値が期待されるあまり知られていない小さな動物たち - 16. カピバラ . 畜産の研究 54(5) : 95-99.
- 草食実験動物研究会（2000）マイクロライブストック（23）- 将来経済的な価値が期待されるあまり知られていない小さな動物たち - 20. モルモット . 畜産の研究 54(9) : 85-89.

参考文献

- 朝日新聞社（1992）哺乳類Ⅱ 10 ネズミ・ウサギほか．週刊朝日百科 動物たちの地球 58.
- 阿部永（1981）日本産ネズミ類の分類学的現状．哺乳類科学 42 : 13-19.
- 阿部永・石井信夫・伊藤徹魯ほか（2005）日本の哺乳類 改訂版．東海大学出版会．
- 飯島正広（2010）日本哺乳類大図鑑．偕成社．
- 飯島正広・土屋公幸（2015）モグラハンドブック．文一総合出版．
- 飯島正広・土屋公幸（2015）リス・ネズミハンドブック．文一総合出版．
- 池田哲 総監修（2003）週刊 日本の天然記念物 動物編 33 トゲネズミ．小学館．
- 磯村源蔵（2012）スンクスの実験動物化と形態的特性研究．形態・機能 11(1) : 2-9.
- 今泉忠明（1988）ネズミの超能力．講談社．
- 今泉吉晴（1987）空中モグラあらわる 動物観察はおもしろい．岩波書店．
- 今井壮一・扇元敬司（1988）ハタネズミ *Microtus montebelli* の消化管内より見出された鞭毛虫類．日本畜産学会報 59(4) : 351-356.
- 岩渕真奈美・杉山慎二・湊ちせ ほか（2008）ニホンヤマネ *Glirulus japonicus* の食性とその季節変化．環動昆 19(2) : 85-89.
- 宇田川竜男（1965）ネズミ 恐るべき害と生態．中央公論新社．
- 宇田川竜男（1974）ネズミの話．北隆館．
- 大久保慶信・七條宏樹・渡部大介（2015）滑空性リス類の繊維質消化 : ムササビとニホンモモンガの比較．環動昆 26(1) : 29-35.
- 大阪市立自然史博物館 編著（2007）標本の作り方 自然を記録に残そう．東海大学出版会．
- 岡香織・三浦恭子（2016）老化・がん化耐性研究の新たなモデル : ハダカデバネズミと長寿動物を用いた老化学．生化学 88(1) : 71-77.
- 岡田要（1974）ねずみの知恵．法政大学出版局．
- 興津隆雄・加藤克紀（2012）マウスの視覚に関する行動的研究の動向．筑波大学心理学研究 44 : 7-15.
- 尾崎研一（1986）タイワンリスの食物と採食行動．哺乳動物学雑誌 11(3-4) : 165-172.
- 梶ヶ谷博・後藤信男（1980）ハタネズミ（*Microtus montebelli*）の胃の構造．哺乳動物学雑誌 8(5) : 171-180.
- 加藤光吉・渡辺洋介（2002）ネズミの超音波を探る．日本音響学会誌 58(6) : 355-359.
- 川内博・遠藤秀紀（2000）カラスとネズミ ヒトと動物の知恵比べ．岩波書店．
- 川島由次・仲田正・高橋宏ほか（1985）将来の食肉資源としてのカピバラ（*Hydrochoerus hydrochaeris*）の生産性．南方資源利用技術研究会誌 1(1) : 13-22.
- 川田伸一郎・岩佐真宏・福井大ほか（2018）世界哺乳類標準和名目録．哺乳類科学 58 別冊．
- 川名国男（2012）ミゾゴイ～その生態と習性～．

著者

渡部大介（わたなべ だいすけ）

1980年愛媛県生まれ。宮崎大学農学部食料生産科学科卒業、同大学院農学工学総合研究科博士後期課程修了、博士（農学）。2005年から約15年間、宮崎市フェニックス自然動物園で飼育員を務める。動物園での経験で特に印象に残っていることは、アマミトゲネズミの初繁殖、九州産ニホンカモシカ、ミゾゴイの飼育など。2020年よりNPO法人 どうぶつたちの病院 沖縄に所属。憧れのオキナワトゲネズミの生息地で野生動物の保全などに取り組んでいる。

写真提供：埼玉県こども動物自然公園、宮崎市フェニックス自然動物園、石若礼子、伊東友基、江藤毅、右京里那、大久保慶信、金城道男、古根村幸恵、近藤祐志、七條宏樹、篠原明男、名倉悟郎

おもしろいネズミの世界
知れば知るほどムチュウになる

2021年7月20日　第1刷発行

著　者……渡部大介
発行者……森田　猛
発行所……株式会社 緑書房
〒103-0004
東京都中央区東日本橋3丁目4番14号
TEL　03-6833-0560
https://www.midorishobo.co.jp

編　集……駒田英子、池田俊之
編集協力……川西　諒
カバーイラスト……わたなべともこ
デザイン……ACQUA
印刷所……図書印刷

ISBN 978-4-89531-598-2　Printed in Japan